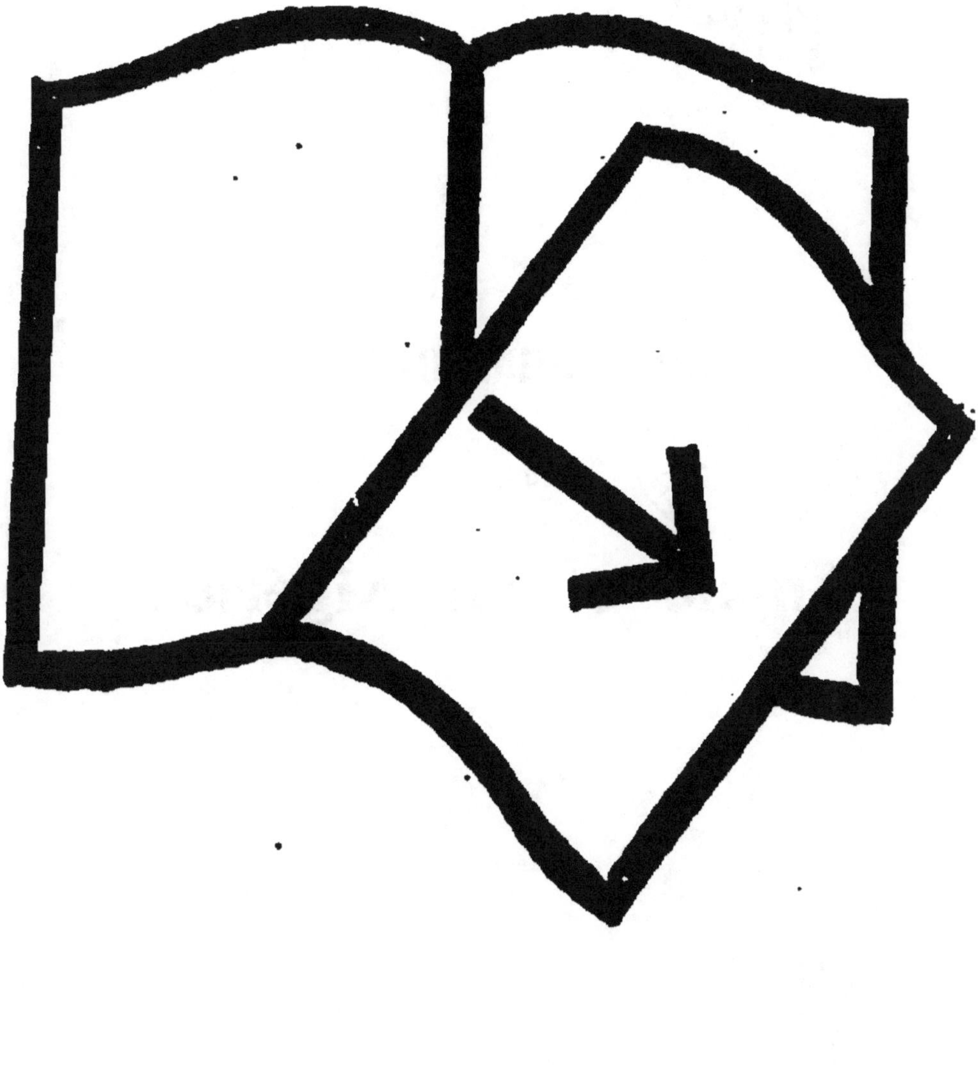

Couvertures supérieure et inférieure manquantes.

SEPT SEMAINES

en

Tunisie et en Algérie

H. RICHARDOT

SEPT SEMAINES en Tunisie et en Algérie

Avec l'Itinéraire et les Dépenses du Voyage

PARIS
ANCIENNE LIBRAIRIE FURNE
COMBET & Cie, ÉDITEURS
5, RUE PALATINE (VIe)

SEPT SEMAINES EN TUNISIE ET EN ALGÉRIE

CHAPITRE I

LE DÉPART — TUNIS ET CARTHAGE.

Le dimanche 21 février 1904, MM. D.., L..., et moi, nous prenions l'express du soir qui devait nous amener à Marseille.

A nous trois nous représentions trois âges de la vie : moi, hélas ! l'âge très mûr, L... la jeunesse ; D... tenait le milieu. Trois caractères différents aussi, bref, ce qu'il fallait pour bien s'entendre, puisque, dit-on, les gens de même caractère s'accordent mal.

Où allions-nous ? En Tunisie et en Algérie. L'itinéraire comprenait dans ses grandes lignes : Tunis, Sousse, Kairouan, Sfax, les oasis du Djérid, Douggà, Constantine, Timgad, Biskra, l'Aurès, Bougie, la Kabylie, pour se terminer à Alger. C'était certes de quoi occuper sept à huit semaines; autant de mois auraient à peine suffi.

Donc, le lendemain, lestés chez Cassard de la bouillabaisse obligatoire, nous nous embarquions à Marseille sur le *Duc-de-Bragance* de la Compagnie transatlantique. La traversée ne laissait pas de m'inquiéter : j'ai, pour des motifs personnels,la crainte de Neptune et la moindre de ses fantaisies a pour moi de fâcheux résultats.

La saison n'était guère favorable : l'hiver avait été partout mauvais. Depuis deux mois il pleuvait presque continuellement; depuis trois semaines on ne parlait que de tempêtes, de mer démontée ; un raz de marée venait même de ravager les côtes de Bretagne et de désoler Penmark.

Les pronostics étaient également menaçants; nous n'étions pas sortis du port de Marseille que le chapeau de D... était emporté par une bourrasque (un Romain eût reculé) et si le ciel sur nos têtes était pur et sans nuages, le vent blanchissait au loin les crêtes des vagues.

Heureusement dès lors, nous éprouvâmes les

effets de la protection dont pendant tout le voyage nous a couverts le dieu inconnu qui, prétend L... l'accompagne depuis sa naissance, « manitou » dont l'existence, après l'expérience du voyage, me paraît démontrée. Le vent soufflait du nord, précisément derrière nous, et si le vaisseau roulait terriblement, il n'avait pas le tangage générateur du mal de mer ; si le soir peu de personnes purent dîner, la nuit nous aguerrit et le lendemain matin nous contemplions sans émoi « cordial » les côtes rugueuses de la Sardaigne et les petites îles qui la terminent au sud, baptisées Taureau, Vache et Veau, sans que rien que leurs dimensions respectives puissent justifier ces noms bucoliques.

Ensuite la pleine mer, avec des vagues énormes, chevelues de blanc, sur lesquelles le vapeur semblait se précipiter et qui s'aplatissaient soudain sous son choc.

Vers les quatre heures du soir, l'Afrique apparut sous forme d'une bande noirâtre qui, d'abord indistincte, se précisa à droite en une suite d'ondulations basses tandis qu'à gauche les hauteurs de Bou-Korbeus signalaient le golfe de Tunis déjà embrumé de nuit.

Nous faisons halte à la Goulette, à l'entrée du canal long de dix kilomètres creusé au milieu du lac de Tunis qui depuis 1893 permet aux grands vaisseaux d'arriver jusqu'à la capitale ; quelques lumières à droite et à gauche se réfléchissent dans les eaux calmes du lac, puis voici des silhouettes de magasins et de mâts, une barque glisse sur l'eau vers nous et le *Duc-de-Bragance* est amarré au quai de Tunis.

Une demi-heure plus tard, derrière deux Arabes qui sur une voiture à bras traînent nos bagages, nous arrivons à l'hôtel de Paris. Là, surprise : « Tiens, c'est toi ! » « Tiens, c'est vous !.. » C'est L... qui dans un guide de l'hôtel retrouve une connaissance de l'Exposition de 1900, car notre compagnon a beaucoup fréquenté les bazars tunisiens, souks algériens et autres rues du Caire qui initiaient les Parisiens aux richesses et aux joies orientales et Pinhas n'est pas le seul indigène qui reconnaîtra « l'ami de 1900 ».

Qu'est-ce qu'un « ami » indigène et guide peut proposer à des Français pour leur première soirée tunisienne ? La réponse s'impose. Donc, aussitôt dîner nous nous installions place Sidi-Baian dans un café chantant recommandé par Joanne et autres Baedeker aux « amateurs de danses indigènes » et là, en savourant notre moka, nous goûtions les délices de voir six Juives remuer tour à tour leur ventre en cadence avec des yeux de merlans frits, et aux sons harmonieux d'une cithare, d'une guitare et d'une darbouka grattées et frappées par trois Maures glabres accroupis sur une estrade, nous entendions chanter ou plutôt psalmodier les litanies interminables qui forment le fond de ces chants monotones. L... prétend qu'« un charme mystérieux se dégage de ces chants et de ces danses. » Pour un peu il soutiendrait que ces musiciens sont d'incomparables virtuoses et ces Juives de délicieuses houris ; D... et moi nous bâillons, et le laissant à ses enthousiasmes, nous regagnons l'hôtel.

Tunis, on devrait plutôt dire les Tunis, est formée de deux villes aussi distinctes l'une de l'autre que si elles étaient séparées par des centaines de lieues : l'européenne, neuve, avec des rues bien droites, formant exactement les carrés chers aux fondateurs des cités modernes, possède une cathédrale dont le triple portail est protégé par des statues qui excitent plutôt le rire que le respect, un confortable édifice, la Résidence, deux pseudo-mosquées qui sont un casino et le Tunisia Palace et enfin l'effigie par Mercié d'un Monsieur à longs favoris et à long nez, Jules Ferry, le « conquistador » de la Tunisie.

Tout cela certes est très cossu ; les magasins de l'Avenue de France sont dignes des boulevards parisiens, mais nous n'avons pas traversé la Méditerranée pour voir des cités « à l'instar » de Paris et la neuve Tunis ne nous arrête guère que le temps d'aller à la Résidence demander quelques lettres de recommandation.

L'ancienne Tuni[illegible] la Tunis arabe, celle

d'avant notre occupation, nous attire davantage. Par quel miracle a-t-elle échappé aux ingénieurs et aux architectes ? Comment un polytechnicien n'a-t-il pas prolongé l'avenue de France jusqu'à la Kasba, taillant, coupant et démolissant tout pour une large « artère » dans le dédale des rues arabes ? La chose invraisemblable est pourtant : l'arceau mauresque de la Porte de France franchi, vous avez fait un bond d'un monde dans un autre ; plus de trolleys à trompes sonores, plus de larges voies rectilignes bordées de poivriers placés exactement à 5 m. 53 centimètres l'un de l'autre, plus de maisons aux étages droits, aux fenêtres symétriques, c'est un labyrinthe de ruelles, de passages, qui s'enchevêtrant, se croisant, tournant, se redressant, grimpent vers la Kasba, tantôt sombres, étroits à laisser à peine place à trois hommes de front, sous les étages surplombant qui s'appuient fraternellement l'un sur l'autre, tantôt au contraire s'élargissant en soudains carrefours où la lumière s'épanche en nappes aveuglantes.

Entre ces maisons badigeonnées de chaux blanche, où ne s'ouvrent hors de l'atteinte des bras que de rares fenêtres barrées de fer, entre ces murs troués seulement de portes dont les arcs surbaissés, les lourds vantaux constellés de gros clous datent peut-être de plusieurs siècles, sous ces voûtes qui souvent enjambent les rues et joignent les étages supérieurs s'agite, ou plutôt grouille, car l'Arabe s'agite peu, toute une population dont l'aspect réjouit le touriste.

Le colon ne franchit guère la Porte de France et ici l'Arabe est chez lui. On peut oublier la conquête, rien ne la rappelle ; telle était Tunis il y a cinquante ans, telle elle est encore. Sans doute le pavé a remplacé les cailloux raboteux des anciennes rues et on chercherait en vain les immondices qui, encore aujourd'hui à Tanger, couvrent le sol d'un épais et infect tapis ; les réverbères au coin des rues prouvent que la civilisation européenne a mis quelque limite à l'insouciance musulmane, mais discrètement, et les anciens beys reconnaîtraient aisément leur capitale.

Autant et peut-être plus qu'au Caire se mêlent toutes les races orientales, le Turc, le Maure, le Bédouin, l'Arabe, le Nègre, le Juif, vêtus de robes, de burnous, de tuniques de soie, de loques sans nom, coiffés du fez, de la chéchia, du turban, du bonnet noir, pieds nus ou chaussés de sandales, de babouches, de bottines, mélange bariolé, kaléïdoscope où toutes les couleurs, le blanc cru, le vert pistache, le rouge pourpre, le bleu tendre, l'abricot, le violet, le jaune citron se croisent, se heurtent ou s'harmonisent, tableau toujours varié dont ne peuvent se lasser nos yeux accoutumés aux lugubres et ternes couleurs du costume européen.

Au milieu de cette débauche de tons, un fantôme sombre se meut, s'avance vers vous, c'est une femme arabe entièrement vêtue de noir : son voile lui couvre même les yeux et elle doit à peine pouvoir se diriger; une autre, une Mauresque, a le front et l'œil découverts, et sur le front des tatouages bleus, talismans transmis de générations en générations, tandis que, sous les sourcils démesurément allongés et élargis par la peinture, brillent les yeux noirs cernés de khol; les ongles des mains, ceux des pieds, sont rougis au henné; ou bien c'est une Juive aux culottes bouffantes, au ventre proéminent, au bonnet conique et pointu qui, elle, vous dévisage curieusement.

Des âniers poussant leurs bêtes chargées de deux couffins, des porteurs d'eau, pliant sous leurs outres faites d'une peau de bique restée entière, des vendeurs de sucreries, de dattes, passent, se coudoient, s'arrêtent sans que les Arabes accroupis au pied des murailles et les marchands assis au seuil de leurs boutiques lèvent les yeux ou fassent un mouvement, sans que le notaire qui, en plein air, écrit un contrat s'interrompe un seul instant.

Plus haut dans la ville, ce sont les *souks*. Pourquoi dit-on que les souks de Tunis ne peuvent être comparés à ceux du Caire? N'y voit-on pas comme au Caire de longues ruelles recouvertes de planches dont les interstices laissent passer des rayons de soleil, lignes éblouissantes dans l'ombre du souk ; y a-t-il moins qu'au Caire de marchands de parfums, d'étoffes, d'armes, de tapis ? Les forgerons n'y battent-ils pas sur leur enclume le fer dont les étincelles éclaboussent les passants ; les bijoutiers n'y cisèlent-ils pas les bracelets et les pendeloques ? Comme au Caire, les étoffes luxueuses sont entassées dans des échoppes misérables, les tapis remplissent les étroites boutiques ; les selles, les sabres, les fusils sont suspendus aux planches, et sous leurs voûtes de pierres blanchies, à peine trouées de soupiraux, les rues des souks s'entrecroisent, chacune occupée par une seule sorte d'artisans, souks des parfumeurs, des selliers, des brodeurs, des tailleurs, des armuriers, longues galeries pittoresques et animées, plus animées encore lorsque c'est l'heure des ventes à l'encan et que le marchand porte sa marchandise d'un bout à l'autre du souk en criant les enchères.

Nous entrons chez Barbouchi, un des gros marchands de tapis. Barbouchi est célèbre. « C'est, a écrit un touriste il y a une dizaine « d'années, un Maure gras à face pâle et bouffie, « d'ailleurs voleur renommé parmi cette population pour laquelle tromper le Roumi est « un devoir sacré. » Comme Pinhas, Barbouchi est un ami de L..., une de ses « connaissances » de 1900; il nous offre le café et étale ses marchandises devant nous : soieries, bijoux, bibelots, tapis, depuis les splendides tapis de soie qui valent vingt ou trente mille francs, jusqu'aux tapis de prière plus ou moins authentiques, plus ou moins usés. L'amitié ne l'empêche pas de surfaire ses prix autant que possible, et ce sont de longs marchandages, de verbeuses discussions, à la suite desquelles mes compagnons font quelques emplettes à la joie de Pinhas qui nous accompagne et qui va toucher un fructueux tant pour cent.

Auprès des souks, sous une voûte que soutiennent des colonnes, débris de quelque temple antique, s'ouvrent des fenêtres barrées de fer; c'est la prison, nous entrons.

Que diraient nos kleptophiles humanitaires de Fresnes en voyant ce sous-sol bas et ténébreux où pêle-mêle vaguent les prisonniers? Horreur! ils n'ont même pas de lit et couchent sur la terre dure! A peine la lumière pénètre-t-elle dans leur réduit et ce n'est pas sans difficulté que nous distinguons contre un pilier l'un d'eux que le geôlier nous désigne et qui, comble d'abomination, est enchaîné. Celui-là est un assassin, et s'il ne peut payer le prix du sang ou si la famille du mort ne l'accepte pas, il sera pendu.

Cela parait d'ailleurs peu l'inquiéter. Ses

compagnons ne semblent non plus guère soucieux de leur sort : ils se pressent aux fenêtres, bavardent et rient. Quant à l'avenir « *mektoub* », c'est écrit.

A côté voici l'ancien marché aux esclaves, cour exiguë où l'on entassait les malheureux, hommes et femmes. Que de sanglots ont entendus ces murs blancs et nus, ces piliers où l'on attachait les captifs !

A dix pas de là, une galerie soutenue par une jolie colonnade nous indique la grande mosquée. De loin nous avions aperçu son minaret carré recouvert de faïences et coiffé d'un toit pyramidal. C'est tout ce que nous verrons de l'édifice : l'entrée en est interdite aux chrétiens même déchaussés, comme, du reste, celle de toutes les mosquées de Tunis. C'est une des clauses du traité de Kassar-Saïd qui assura à la France le protectorat de la Tunisie. Nous ne perdons pas grand'chose ; ces mosquées tunisiennes sont, paraît-il, insignifiantes à l'intérieur.

A l'extérieur, plusieurs sont curieuses : celle de Sidi M'harez surmontée de nombreuses coupoles groupées autour d'un dôme central, celle de la place Halfaouïne précédée d'une très élégante galerie ; celle de Sidi Ben Ahrous et d'autres dont j'ignore le nom ont des minarets qui se dressent poétiquement au-dessus des maisons blanches de la ville.

Mais l'intérêt de Tunis n'est pas dans ses monuments. Si en grand nombre le long des rues et dans les souks on rencontre à demi enfouis dans les murailles des fûts de colonnes byzantines ou romaines, aux chapiteaux tellement empâtés par vingt couches de chaux qu'on en reconnait à peine la forme ; si çà et là un mur semble révéler l'appareil romain, Tunis n'a conservé aucune relique notable des siècles qui ont précédé la conquête musulmane.

Sans avoir eu dans l'antiquité l'importance de Carthage, Tunis, colonie phénicienne détruite par les Romains en même temps que sa voisine et reconstruite comme elle au IIe siècle, posséda pourtant des marchés, des temples, des théâtres ; il n'en reste aucune trace. Les Arabes en firent la capitale d'un royaume indépendant qui, du XIIIe au XVIe siècle, fut puissant sous la dynastie des Hafsites, mais chose étrange, eux qui ont laissé en Espagne de si splendides souvenirs de leur domination n'ont construit à Tunis que des mosquées banales et le Dar-el-Bey, ou palais du bey.

En réalité, le bey ne vient dans ce palais qu'une fois par semaine pour rendre la justice : sa résidence habituelle est le Bardo, à deux kilomètres de Tunis, ou l'été la Marsa, sur les bords de la mer.

Je ne saurais l'en blâmer. Resserré entre les maisons, les mosquées et les souks, le palais n'a ni jardins, ni vastes cours où l'air puisse circuler et les appartements ne rappellent que de loin les splendeurs orientales. Je fais exception pour quelques salles joliment décorées de faïences aux nuances harmonieuses et de ces stucs ajourés où jadis excellaient les Arabes et qui semblent des lambris d'ivoire ciselé.

Le mobilier est misérable et grotesque. D'innombrables pendules dorées encombrent les salles, flanquées de ces fleurs fanées sous globe qui faisaient l'orgueil des cheminées de nos grand'mères et qu'on ne retrouve plus aujourd'hui que sur les autels de quelques églises villageoises; les fauteuils de la salle des officiers de garde sont éventrés, usés, dépenaillés; la chambre du bey, toute jaune, renferme un trône vulgaire et massif, tout or; sous les jolis plafonds ciselés et dorés, comme sur le marbre des murs, pendent dans des cadres à dix sous d'affreux chromos et de pitoyables lithographies représentant la bataille de Lodi et les exploits de Gonzalve de Cordoue.

Le seul endroit agréable du palais, c'est la terrasse. Quelle vue splendide! Le « burnous du Prophète », Tunis la blanche, s'étale tout entière à vos pieds, dans sa robe immaculée, éblouissante au soleil. Tout près, le toit immense et plat des souks percé des vasistas qui éclairent les passages, le joli minaret octogone de la mosquée de Sidi Youssef, celui de la grande mosquée à l'angle de la cour entourée de portiques, et au delà la ville avec ses innombrables terrasses hérissées de minarets et de coupoles qui s'étend, blanche, toute blanche, jusque là-bas aux lointains perdus dans la brume du grand lac, jusqu'à la colline de Carthage pointillée de sa cathédrale, tandis qu'au sud l'horizon est barré par la fière silhouette des monts Zaghouan. Panorama inoubliable.

Je n'ai pas parlé de la façade du Dar-el-Bey, il n'y a pas à en parler: quelques colonnes aux couleurs tunisiennes, vertes et rouges, accolées à un mur bas; c'est tout.

Les palais arabes, on le sait, sont insignifiants à l'extérieur; l'Alhambra de Grenade, cette merveille, ressemble à un amas de granges et d'écuries; la façade du Dar-el-Bey, sans être aussi piteuse, ne mérite aucune attention.

De même pour le Dar-Hussein, aujourd'hui hôtel de la Direction, que l'obligeance du colonel Pambet nous permet de visiter. Au dehors, malgré ses colonnes antiques, il est quelconque; à l'intérieur, c'est un bijou.

La cour, avec ses arcades mauresques, ses galeries lambrissées de faïences et plafonnées « en nids d'abeilles », ses vestibules aux dentelles de stucs, rappelle d'une manière frappante la maison de Pilate à Séville, et ce n'est pas en faire un mince éloge. C'est charmant, gracieux et élégant au possible.

Il parait que nombre de maisons ne sont pas trop indignes de l'hôtel de la Direction, mais le mulsuman ne laisse pas volontiers pénétrer dans son logis. Sur la rue, toutes les maisons se confondent dans la même simplicité, la même pauvreté, dirait-on, si on ne savait que cette simplicité voulue est un des caractères de l'architecture arabe, aussi avare de décorations à l'extérieur qu'elle en est prodigue à l'intérieur.

« Tunis, dit Joanne, peut aisément se visiter en une journée. » La Tunis monumentale, soit, mais combien de journées faudrait-il pour se lasser de parcourir cette ville si diverse, ces quartiers si vivants aux aspects toujours nouveaux?

Un des plus curieux est le quartier de Bab-Souïka et de la place Halfaouine où aboutit la longue rue Saadoun bordée de maisons basses en pierres, simples rez-de-chaussée surmontés de terrasses, mais dont l'uniformité est animée par la foule qui se presse aux boutiques des épiciers, des bouchers, des négociants de toute sorte; c'est la route du Bardo.

Le Bardo est, je l'ai dit, la résidence habituelle du bey. Un tramway à vapeur franchit rapidement les trois kilomètres qui le séparent de Tunis et traverse un long aqueduc construit ou restauré au XVIe siècle par les Espagnols.

Cet aqueduc en briques est inutile aujourd'hui et plusieurs arcades en ont été démolies pour laisser passer la route, mais celles qui subsistent, hautes et étroites, font sur la campagne verte un très bel effet.

Le Bardo était autrefois une sorte de forteresse de plaisance si ces mots ne « hurlent pas d'être accouplés ».

Comme l'Alhambra grenadin, derrière son épaisse enceinte bastionnée, il abritait des palais, des jardins, des mosquées, des casernes, des prisons, un donjon ; même un marché et un village y avaient pris place.

Aujourd'hui, sauf quelques tours épargnées, les murailles ont été jetées à bas, remplacées par des grilles et des murs d'appui ; les donjons, les prisons ont été démolis et ce qui en reste est lamentable ; seuls, la mosquée et le palais ont survécu.

Ce palais est peu imposant : une galerie le précède et on y parvient par un perron dont huit lions superposés gardent les marches.

C'est le fameux escalier des Lions, beaucoup trop vanté.

On pénètre ensuite dans une cour entourée de faïences et de portiques dont les plafonds soutenus par des colonnettes droites n'ont rien d'oriental.

A l'exception d'un joli plafond dans le « Salon des glaces » il en est ainsi de presque tout le palais ; les architectes, sur l'ordre pr bablement des beys, ont évité les charmantes fantaisies de l'art mauresque ; les salles sont décorées et meublées à l'européenne.

Mais que de trônes et surtout que de pendules ! Nous en comptons jusqu'à douze dans une seule salle, systématiquement rangées sur des consoles et soigneusement voilées de gaze. Et quelles pendules ! Toutes du style Louis XV, tourmentées, torturées, tordues, des amours d'or, des bergères d'or et des seigneurs d'or sous des berceaux d'or !

Elles proviennent sans doute de cadeaux faits au bey par les souverains et la France doit avoir contribué pour une bonne part à ces libéralités ; elle aurait pu, il me semble, trouver autre chose que ces pendules grossièrement « équarries », fondues dans je ne sais quel moule.

De quel fond de bric-à-brac proviennent aussi les tableaux appendus aux murs ? Où a-t-on été dénicher ces croûtes abominables ? Il y a surtout une *Abjuration de Galilée* qui est un comble ! Heureusement la France n'en paraît pas responsable ; elle est signée du nom teuton d'Aloysius et a été commise en 1847.

Le Bardo vaudrait donc à peine une visite si en 1885 M. de la Blanchère n'y avait installé un musée d'antiquités, le musée Alaouï. Les salles qu'il occupe sont les plus remarquables du palais ; celle des fêtes possède un magnifique plafond aux caissons d'or vert, et l'appartement des femmes est digne de l'Alhambra avec ses murs de faïences et sa jolie coupole octogonale aux stucs ciselés.

Pourquoi, poussant jusqu'au bout l'imitation, les artistes n'ont-ils pas fait descendre de cette coupole les stalactites d'ivoire et n'y ont-ils pas mêlé les cupules féeriques du palais de Grenade ?

Les objets réunis dans le musée Alaouï proviennent de Carthage, d'Utique et de ces cent cités romaines qui, il y a deux mille ans, parsemaient la Byzacène.

Les poteries, les urnes funéraires, les statues de dieux sont nombreuses ainsi que les bibelots de toute espèce. Parmi ceux-ci il faut citer d'étranges petits masques en terre cuite ; leurs grimaces avaient pour but d'éloigner les mauvais esprits et on les déposait dans les tombeaux.

Quelques pièces sont hors ligne, telle une superbe patère de soixante centimètres de diamètre, incrustée d'or sur fond d'argent, mais la gloire du musée est dans ses mosaïques ; toutes sont remarquables, quelques-unes splendides. Comme d'ordinaire, ce sont des médaillons représentant des animaux, des lutteurs, des scènes de chasse ou de pêche encadrant un motif central sur un fond presque toujours blanc. Parmi les plus belles j'en citerai une qui mêle les travaux des champs avec les chasses aux perdrix et aux sangliers, d'autres qui nous montrent un Orphée charmant les animaux, un beau Virgile au visage noble et calme, assis entre deux muses, une forge de Vulcain, des fleuves personnifiés avec des navires dont les inscriptions disent les noms harmonieux : Vegelia, Muscula, Horreia, des têtes de Tritons, des animaux, et enfin la perle de la collection trouvée à Sousse, longue de treize mètres et large de dix, représentant un triomphe de Neptune autour duquel courent des guirlandes de fleurs et s'agitent des personnages mythologiques, merveilleuse de coloris et de délicatesse.

Je doute que sur ce point le musée Alaouï ait un rival.

Les heures avaient coulé vite et nous voulions monter au Belvédère, vaste parc dont les bosquets s'étagent en amphithéâtre, jusqu'à un ravissant pavillon apporté pièce à pièce de la Manouba, ancienne résidence beylicale.

Un gros nuage couvrait malencontreusement une partie du ciel, et au sud dans la brume et la pénombre grandissante du soir, la rude et fière silhouette du mont Zaghouan se détachait à peine, mais les deux pointes du Bou-Kornine, à ses pieds les maisons blanches d'Hammam-Lif, le cap de Carthage, le village de Bou-Saïd, le golfe de Tunis et tout près la grande ville blanche, formaient un spectacle admirable que nous nous promîmes de revoir plus à notre aise à notre retour du Djérid.

Dans la soirée, promenade à travers les hauts quartiers de Tunis, dédales de rues hospitalières aux chercheurs d'amours faciles, nombreux dans les pays musulmans, où l'homme n'a nullement honte comme Hugo « d'aller heurter « aux seuils des bouges noirs. » Il n'attend même pas le soir comme le poète et personne ne trouve surprenant de voir des hommes graves répondre aux sollicitations des habitantes.

Point du reste n'est besoin de regarder « à « la fenêtre obscène » ; la porte est ouverte, des sourires engageants vous invitent à la franchir et la fenêtre est remplacée par de petites ouvertures grillées qui permettent aux amateurs d'examiner la marchandise.

Il y a peu de vertu à résister à de pareilles tentations, et le spectacle est amusant et varié.

. . .

Le lendemain matin, nous partions pour Carthage. Carthage ! nom évocateur s'il en fut ! Didon, Enée, Annibal, Caton, Scipion, mille autres souvenirs classiques bruissaient dans nos cerveaux.

La route n'a rien d'intéressant : à gauche des champs de fèves et des collines basses, à droite à quelques centaines de mètres, les eaux stagnantes du lac de Tunis ; des ruines informes, piliers effondrés, vestiges d'arcades, indiquent la place de l'aqueduc qui joue un si grand rôle dans Salammbô et qui amenait à Carthage l'eau des sources de Zaghouan, mais celui-là est romain et Flaubert lui-même l'avoue : « Il n'est « pas certain qu'il y ait eu un aqueduc dans la « Carthage punique. »

Il fait froid, une averse venue du nord nous oblige à fermer précipitamment le landau dans lequel nous déjeunons tant bien que mal ; nous n'avons pas de temps à perdre.

A droite, sur une haute colline, la cathédrale de Carthage, aux tours et à la coupole d'un blanc éclatant ; au fond, une autre tache blanche sur un promontoire, le village de Sidi-Bou-Saïd.

Voici la Marsa : des villas, des jardins où les arbres commencent à verdir, un café où nous nous arrêtons un instant pour compléter notre frugal déjeuner, la résidence estivale du bey, vaste et pesante bâtisse ; c'est tout et nous roulons vers Sidi-Bou-Saïd. Croirait-on que ce nom est celui donné à Saint-Louis par les Arabes ? Le roi se serait converti à l'islamisme et aurait été enterré ici, aussi les fidèles viennent-ils prier sur son soi-disant tombeau et l'honorer sous son nom musulman. Elle n'est certes pas banale, cette histoire d'un roi canonisé dans deux religions et invoqué à la fois par les adorateurs de Jésus et par ceux d'Allah.

Ce village de Sidi-Bou-Saïd est charmant, avec ses gaies villas, ses jardins d'oliviers et d'orangers, ses haies d'énormes cactus hérissés d'épines, ses maisons blanches, ses rues escarpées et étroites, ses terrasses, tout son aspect oriental, d'un Orient un peu trop propre, trop nettoyé peut-être, mais gentil au possible ; au-dessus, un phare couronne le cap de Carthage, c'est le doyen des phares tunisiens.

C'est ici, dans les jardins de son père Amilcar, que Salammbo, la prêtresse de Tanit, venait le soir adorer la déesse dont le disque s'arrondissait là-bas, de l'autre côté du golfe, entre les deux pointes du Bou-Kornine. Alors jusqu'au lac s'entassaient les maisons de la grande capitale ; aujourd'hui, c'est une plaine nue, ondulée, et l'histoire seule nous révèle les lieux « où fut Carthage ».

Nous la voyons bien mieux encore, cette plaine, quand, à trois kilomètres de Sidi-Bou-Saïd, devant la porte du séminaire des Pères Blancs, nous regardons à nos pieds.

Nous sommes sur la colline de Byrsa, à l'emplacement de la citadelle punique, là où, voyant son mari implorer les Romains vainqueurs, la femme d'Asdrubal égorgea ses deux enfants et se précipita dans les flammes.

Que de sang a coulé sur cette terre, non seulement pendant les six jours de carnage et d'incendie où disparut la rivale de Rome, mais plus tard encore quand la Carthage reconstruite par Jules César fut conquise par les Vandales puis emportée d'assaut par les soldats de Bélisaire et enfin quand Hassan-Ben-Noman, entré à cheval dans la basilique où le sang ruisselait, y planta l'étendard de l'Islam et mit le feu à la ville remplie des cadavres de ses défenseurs.

De toutes ces villes, punique, romaine, byzantine, il n'est rien resté : « les ruines « mêmes ont péri. » La carthaginoise fut détruite systématiquement par ordre du Sénat romain et des délégués vinrent s'assurer qu'il n'en restait pas pierre sur pierre ; la romaine, relevée par Jules César au mépris des sénatus-consultes vouant aux dieux infernaux ceux qui rebâtiraient la cité d'Annibal, et la byzantine qui, après la dévastation des Vandales s'y superposa, furent incendiées par les Arabes et leurs pierres sont dispersées dans Tunis et les villages environnants.

A peine connaît-on l'emplacement de cette immense cité : on sait que son faubourg Mégara est aujourd'hui la Marsa et que la ville s'étendait de Bou-Saïd au Kram, mais la place exacte de ses remparts est inconnue et pourtant ces remparts formaient trois enceintes dont la dernière, haute de dix-huit mètres, épaisse de dix, « renfermait des écuries pour trois cents élé- « phants, avec des magasins pour leurs capa- « raçons, leurs entraves et leur nourriture,

« puis d'autres écuries pour quatre mille che-
« vaux avec les provisions d'orge et les harna-
« chements et des casernes pour vingt mille
« soldats avec les armures et tout le matériel
« de guerre. » Pas une pierre n'est demeurée de ces maisons de six étages enduites de bitume, qui, dit Appien, bordaient les rues dallées conduisant à Byrsa, et les ports de Carthage sont à peine indiqués par deux petites mares circulaires, essai de déblaiement tenté en 1835 par le bey Ahmed.

Ces mares ne sont pas, comme on le dit généralement, les anciens ports de Carthage, ou du moins n'en sont tout au plus que les bassins intérieurs. Bien que le terre-plein qui se trouve au centre de l'une paraisse avoir été l'île Cothon où s'élevait le palais du suffète de la mer et que M. Gaston Boissier y ait retrouvé la place des deux cent vingt cales destinées aux navires de guerre, les ports de la ville étaient beaucoup plus étendus ; il résulte des travaux de Beulé qu'ils avaient une surface à peu près égale aux deux tiers du Champ de Mars parisien, et des substructions découvertes le long du rivage ont été reconnues comme les amorces des jetées qui protégeaient les ports extérieurs. D'après certains indices un canal devait aussi couper l'isthme de la Tœnia et rejoindre le lac de Tunis, mais sur tout cela on est réduit aux conjonctures, et de Byrsa on n'aperçoit entre la mer et le pied de la colline qu'une plaine nue traversée par un chemin qui la raie d'un trait blanchâtre.

Pour se reconnaître il faudrait avoir un autre guide que notre Pinhas et nous ne pouvons en avoir de meilleur que le Père Delattre pour lequel un ami nous a remis une chaude lettre de recommandation.

Hélas ! le fameux archéologue est absent. Il faudra nous contenter d'errer au hasard au milieu des fouilles.

Un Père Blanc nous ouvre cependant la porte du musée ; ce Père Blanc avec ses cheveux en brosse, sa moustache blonde, son air énergique, sa veste et son pantalon blancs, sa chéchia et sa ceinture rouges, a plus l'air d'un officier que d'un moine. Déjà sur notre chemin nous avons rencontré quelques pères qui feraient meilleure figure dans les rangs d'un régiment que dans les stalles d'un chœur d'église.

C'est bien un régiment qu'avait rêvé d'organiser le cardinal Lavigerie : il voulait ressusciter les Templiers et les Hospitaliers et avec ses moines guerriers et agriculteurs conquérir le Sahara *ense et aratro*.

Sa mort a mis fin à ses projets, mais ses moines ont conservé une allure hardie qu'on n'est pas habitué à rencontrer sous le froc.

Le Père Delattre a donné le nom du célèbre cardinal au musée où il a réuni les débris recueillis dans ses fouilles. Ces débris sont nombreux, mais l'immense majorité appartient à l'occupation romaine, à peine quelques-uns remontent-ils à l'époque punique et certains plus haut encore, aux Phéniciens. Ces épaves insignifiantes ne nous renseignent guère sur ces Carthaginois que nous ne connaissons que par les récits de leurs ennemis acharnés.

Si les Romains s'entendaient à bâtir ils étaient passés maîtres en l'art de détruire et le vieux Caton a dû être satisfait. De cette ville, jadis reine de la Méditerranée, nous ne possédons que quelques bijoux d'or d'un travail très fin, des miroirs, des poteries, des hachettes et des masques grimaçants comme ceux du musée Alaouï. Notre cicérone nous fait remarquer des boucles d'oreilles faites d'une pierre creuse destinée à recevoir des parfums et nous rappelle que Flaubert en a attribué de semblables à Salammbô. Ce moine connaît ses auteurs.

Depuis deux ans pourtant les fouilles ont été un peu plus heureuses ; elles ont mis au jour des cercueils renfermant des squelettes immergés dans de la poix fondue ; un de ces squelettes porte au doigt une bague en bronze doublée d'or ; de la richesse du sarcophage et de la médiocrité du bijou, le Père Blanc conclut que le défunt a été « refait » ; c'est une assertion un peu risquée et, en tous cas, difficile à vérifier.

Plusieurs tombeaux sont sculptés, les figures sont médiocres ou franchement mauvaises. Je fais exception pour deux superbes effigies en pierre qui recouvraient deux cercueils déterrés récemment ; l'une est un homme barbu et l'autre représente une femme coiffée d'un haut bonnet dont les côtés retombent sur le cou comme ceux du klapht égyptien ; elle est vêtue d'une longue robe serrée, deux ailes se replient sur ses jambes sans cacher ses pieds nus, sa main droite tient une colombe, sa gauche offre des gâteaux.

Est-ce une prêtresse de Tanit, quelque Salammbô ?

Les souvenirs de la Carthage romaine n'offrent pas d'intérêt.

Près du musée, dans le jardin même des Pères Blancs, une Chapelle octogonale indique l'endroit où Saint Louis malade du « flux de ventre se fist coucher en un lit couvert de cendre, mist ses mains sur sa poitrine, et en regardant vers le ciel, rendit au Créateur son esperit. »

Le monument est mesquin. Louis-Philippe qui l'a fait édifier en avait voulu un plus digne de son ancêtre et de la France, mais les Anglais s'opposèrent à la « construction d'une forteresse déguisée », et le roi dévoué à « l'entente cordiale » se résigna à n'élever qu'un édicule incapable d'abriter le moindre canon.

« Byrsa était l'Acropole de Carthage. Elle « disparaissait, dit Flaubert, sous un désordre « de monuments. C'étaient des temples à colon- « nes torses avec des chapiteaux de bronze et « des chaînes de métal, des cônes en pierres « sèches à bandes d'azur, des coupoles de cui- « vre, des architraves de marbre, des contre- « forts babyloniens, des obélisques posant sur » leurs pointes comme des flambeaux renver- « sés. Les péristyles atteignaient aux frontons, « les volutes se déroulaient entre les colonna- « des ; des murailles de granit supportaient des « cloisons de tuiles ; tout cela montait l'un sur « l'autre en se cachant à demi, d'une façon « merveilleuse et incompréhensible. »

Là se dressait le fameux temple d'Eschmoun ou d'Esculape, tout de marbre blanc, entouré d'une forêt de colonnes et gardé par un peuple de statues. Un escalier de soixante marches y donnait accès.

Aujourd'hui, la villa Marie-Thérèse qui appartient à un de mes bons amis maintenant revenu en France, l'hôtel de Carthage où nous bûmes l'excellent muscat du « Clos Lavigerie », le séminaire des Pères Blancs et à l'autre extrémité de la colline la cathédrale s'élèvent seuls sur Byrsa. A peine a-t-on pu reconnaître l'emplacement du temple d'Eschmoun ; sept salles de cinquante mètres de longueur ou plutôt les substructions de sept salles ont été déblayées ;

il fallut la rage extraordinaire des démolisseurs pour que les murs aient disparu : ils avaient 7 m. 25 d'épaisseur.

Mais je l'ai déjà dit : rien ne subsiste de la Carthage punique.

De la Carthage romaine il reste les citernes qui encore aujourd'hui distribuent à la Goulette l'eau amenée de Zaghouan; si elles ont été restaurées, leur forme et leur étendue n'ont pas été modifiées. Elles sont immenses : dix-sept bassins, longs de trente mètres et larges de sept mètres et demi sont entourés par une galerie latérale de 135 mètres de longueur, pavée de marbre blanc, et le magnésium enflammé par l'un de nous, éclaire au loin les voûtes majestueuses sous lesquelles dort l'eau limpide et profonde. Ce n'étaient pas les seules citernes de la ville; nous en trouverons d'autres en revenant à Tunis.

Autour de ces citernes, de Sidi-Bou-Saïd à Byrsa et plus loin encore, des murailles, des tombeaux, des fûts de colonnes, des chapiteaux, des parcelles de mosaïques déterrés par l'infatigable Père Delattre. Il faudrait être guidé par lui pour se reconnaître dans ces ruines ou plutôt ces débris de ruines; on distingue pourtant aisément la forme de la basilique chrétienne, mais si cet espace vide était peut-être le forum où étaient le temple d'Apollon, celui de Tanit, celui de Baal, où les thermes, les cirques, les théâtres, les palais ? Rien, rien que les tombeaux de la nécropole. Ces tombes, ces chambres funéraires plutôt, ressemblent beaucoup aux tombeaux étrusques d'Orvieto en Italie; quelques-uns sont de très haute antiquité comme le prouvent leurs portes au-dessus desquelles de larges pierres inclinées se rejoignent pour former un toit triangulaire.

La cathédrale est sur la route du retour.

Singulière, cette cathédrale. Seule sur le sommet de Byrsa elle semble le blanc sépulcre des peuples ici ensevelis.

Pas une maison, pas une cabane ne s'abrite à ses murs : l'herbe grise l'environne et les arbres de son avenue s'obstinent à ne pas grandir sur cette terre faite de briques brisées et de pierres écrasées.

Ce vaste monument, tout de luxe, absolument inutile, vide de fidèles, fait penser à ce Saint-Paul hors les Murs où l'orgueil des papes a entassé tant de millions depuis quatre-vingts ans. Il a dû en être dépensé aussi quelques-uns pour cet immense édifice byzantin aux murs droits, aux tours coiffées de dômes pyriformes.

L'intérieur avec son plafond à caissons dorés, ses arcs mauresques, ses élégantes colonnettes, sa haute coupole est richement décoré. Comme au Sacré-Cœur de Montmartre, les fondateurs ont profité de la vanité humaine pour obtenir pierres, colonnes et autels.

Les écussons constellent les murs du chœur et de la nef, et tout en rappelant la munificence des donateurs, encouragent à les imiter ceux qui seraient flattés de voir leur blason réel ou fantaisiste peint en or, gueules ou sinople à côté de celui des plus nobles familles.

Le cardinal Lavigerie repose dans sa cathédrale, à demi couché sur le marbre noir d'un sarcophage devant lequel prient deux Pères Blancs ; de chaque côté,des statues de bronze : un esclave délivré et une bédouine tendant son enfant au cardinal.

L'ensemble est digne de l'homme éminent qui repose sous la dalle.

Au pied de la cathédrale est un misérable village, la Malga, où, dans des citernes à demi effondrées, les indigènes ont installé des demeures pour eux et leurs animaux. Carthage allongeait en effet ses faubourgs jusqu'ici, et tout près voici l'amphithéâtre, entièrement ruiné : les travaux n'ont réussi à déblayer que l'arène et quelques assises des gradins inférieurs. Presque aussi grand que le Colisée, il était encore intact au XIVe siècle ; depuis, ses pierres ont servi aux constructions de Tunis. Au centre, une croix a été érigée sur un petit tumulus, et une chapelle a été ménagée dans les caveaux en l'honneur de sainte Félicité et de sainte Perpétue qui « furent livrées à la dent des bêtes », rappelle l'inscription.

En rentrant à Tunis nous voyons une multitude de points sur le lac : ce sont des bandes innombrables de flamants roses, en langue scientifique des phénicoptères ; quelques-uns sont isolés ou groupés à quelques pas des rives, et il semblerait aisé de les approcher. Il n'en est rien ; ce sont des sentinelles vigilantes et la bande entière s'enfuirait au premier signe d'hostilité.

Pour les joindre, il faut, la nuit, se glisser vers eux en barque et alors quelquefois on a la chance de les surprendre.

A ce récit, le sang du chasseur D... se réveille ; il se jure d'ajouter quelques flamants à ses exploits cynégétiques et charge Pinhas d'organiser pour notre retour une expédition nocturne. Ce n'est pas tout : il brûle de se distinguer dans le sud : lièvres, outardes, mouflons le fascinent et aussitôt rentré à Tunis il court chez un armurier, loue un fusil, achète cent cartouches, du gros plomb, du petit et du moyen, il lui en faut de toute espèce ; il s'enquiert des distances auxquelles on peut tuer ceci, cela, même un chameau ! et la nuit, un rêve lui a sans doute montré une hécatombe de gibier à poils et à plumes abattu par son terrible fusil.

Le soir, nous nous rendons à la place Halfaouine, centre du quartier populaire ; c'est demain l'Ait-el-Kebir, la grande fête musulmane, la fête du mouton où chaque famille, comme dans la Pâque juive, doit manger le mets symbolique, et on nous a dit que la fête commençait dès la veille.

Nous ne voyons absolument rien; les rues sont désertes, à peine sur la place quelques tables et quelques bancs sont-ils disposés pour les festoiements attendus et nous ne sommes un peu récompensés de notre course que par l'aspect de la mosquée, dont, au clair de lune, la charmante colonnade se profile gracieusement au pied du minaret tronqué sur lequel précisément le muezzin est en train de chanter le *salamalek* du soir.

CHAPITRE II

DE TUNIS AU DJÉRID.

Sousse — Kairouan — Sfax — Gafsa.

Le lendemain 26 février, à la première heure, nous prenons le train pour Sousse.

La voie traverse d'abord une contrée verdoyante, fertile, centre de vastes exploitations où nous remarquons la station de Potinville au nom vaniteux et vaudevillesque; l'épicier parisien cultive là 2.500 hectares de terres et de vignes, mais quand, après avoir coupé la péninsule du cap Bon, le chemin de fer a rejoint la mer auprès d'Hammamet, il s'engage dans une plaine triste qui renverse mes idées sur la Tunisie.

Les dithyrambes sur le Tell tunisien, sur la fertilité du Sahel et sur la richesse de l'Enfida m'avaient fait imaginer une campagne verte aux labours interminables, aux gigantesques oliviers, aux ceps innombrables; nous roulions dans ce Sahel, dans cette Enfida, et à perte de vue c'était une lande désolée, aride, hérissée de lentisques juchés sur les petits tumuli amoncelés par le vent autour des tiges, coupée par des *sbakh* vastes pièces d'eau stagnante et salée, et à peine interrompue par les quelques oliviers et les quelques hectares d'orge et de fèves serrés autour des stations.

Cinq heures après avoir quitté Tunis nous descendions à Sousse dont les oliviers et les cultures nous avaient indiqué l'approche. A deux lieues de Sousse, une petite ville séduisante, Kalaa-Kebira, est perchée sur une hauteur, mais nous ne lui rendons pas visite. Où ne pas nous arrêter si nous nous laissons tenter? N'avons-nous pas laissé en arrière Hammam-Lif, la ville balnéaire, le Monte-Carlo tunisien, Hammamet aux murailles féodales, Takrouna perché au sommet d'un pic, le seul village qu'au XIe siècle les Ouled-Saïd aient épargné, les ruines d'Aphrodisium, celles de Clupea, vingt autres encore?

A Sousse, la ville européenne et la ville arabe sont plus distinctes encore qu'à Tunis car la ville indigène a conservé sa ceinture de murailles hautes et crénelées.

L'européenne est au bord de la mer, le long du port creusé il y a quelques années. Les navires semblent en ignorer encore le chemin et dans ce vaste bassin de vingt-huit hectares qui a coûté près de cinq millions, seuls deux bateaux de pêche sont amarrés aux quais.

Cependant Hadrumète fut, à la période romaine, le port le plus important de la côte orientale ; il est vrai qu'alors ses environs étaient tellement fertiles qu'elle avait été surnommée *frugifera*. Il lui faudra bien des années pour reconquérir ce titre et longtemps encore, j'en ai peur, les vaisseaux seront rares dans le port inutile.

La ville européenne déjà importante, gentille avec ses maisons blanches et ses jardins, est banale.

La ville arabe l'est peut-être autant, mais nous ne sommes pas encore habitués à cette banalité-là et nous en jouissons avec joie. A l'exception des réverbères fixés à l'angle des rues, rien d'étranger ne choque dans l'enceinte des hautes murailles. Hélas ! il ne reste rien non plus des monuments d'Hadrumète ; les quelques mosaïques découvertes ont été transportées au musée du Bardo, et si des colonnes sont çà et là encastrées dans les murailles, elles sont tellement empâtées de chaux qu'on en peut à peine distinguer les lignes.

Une grande mosquée masque presque la Bab-el-Bahr élargie par une brèche ; cette mosquée, comme celles de Tunis, n'est ouverte qu'aux croyants.

Elle est d'ailleurs insignifiante et ce n'est pas par ses monuments que Sousse peut retenir le touriste.

Il faut cependant faire exception pour la Kasba, citadelle transformée en caserne. Sa porte, dont l'arc qui dépasse s'arrondit sous les faïences et les peintures, est un élégant vestige de l'art arabe.

C'est le seul, mais les tirailleurs ont réuni dans leur salle d'honneur un véritable musée romain ; quelques mosaïques, surtout une panthère bondissante, ne seraient pas déplacées dans celui du Bardo. C'est tout ce qui reste de la capitale de la Byzacène, et c'est bien peu.

De la Kasba la vue plane sur la ville qui, comme Tunis, mériterait le nom de « la Blan« che ». Seuls deux ou trois palmiers jettent sur cette éclatante blancheur de minuscules taches vertes tandis qu'à l'infini, au delà du port vide et de la longue jetée qui protège contre les vagues les vaisseaux absents, resplendit la Méditerranée bleue.

C'est dans la ville que gît l'intérêt, dans ces rues escarpées, quelquefois coupées de degrés, dans ces souks aux voûtes percées de soupiraux, dans ces coins de remparts aux créneaux arrondis, flanqués de tours carrées, au pied desquelles s'alignent les *arabas* au repos et se couchent les mulets fatigués. C'est aujourd'hui « la fête du Mouton » ; les souks sont peu animés, beaucoup de boutiques sont fermées, la ville est en fête, les indigènes ont revêtu leurs vêtements des « dimanches » et partout on se félicite, on s'embrasse.

Tandis que nous sommes attablés à un café maure, les nouveaux venus vont tour à tour donner l'accolade aux consommateurs assis sur les bancs de pierre, le long des murailles ; cependant un miséreux qui entre s'approche en vain de notre voisin, celui-ci ne dit pas un mot, ne fait pas un mouvement et l'autre se retire sans avoir placé son embrassade. Pourtant le pauvre, même le plus loqueteux, le plus haillonneux, n'est pas ici comme chez nous tenu à l'écart ; il se mêle aux plus fortunés sans que ceux-ci s'en choquent et sans doute, pour refuser l'accolade, notre voisin avait un autre motif que la misère du pauvre hère.

Il est fort bien du reste ce voisin avec sa tunique de soie saumon, brodée de passementeries, son burnous de fine laine blanche et son turban artistement enroulé : une barbe noire et des yeux aux longs cils complètent le personnage. A côté de lui est allongé un informe paquet jaunâtre qui tout à coup se tourne vers nous, et nous apercevons deux yeux blancs dans une face noire et rasée ; un bras ramène un pan de burnous sur la figure et le paquet ne bouge plus. Vis-à-vis, deux indigènes jouent aux dames : l'un est vêtu d'une blouse noire sans manches, ornée de broderies rouges et de pompons, il arrive sans doute des îles Kerkennah ; la blouse de son partenaire est rayée de noir et de rouge et de sa chechia s'échappent par derrière de longs cheveux, c'est quelque paysan des environs de Tunis ; les autres sont enveloppés de leurs burnous et, silencieux, de temps à autre, trempent leurs lèvres dans leur tasse de café ou portent à leur bouche la minuscule pipe où ils fument le kif c'est-à-dire le chanvre, cet opium abrutissant de la côte barbaresque.

Le café où nous sommes n'est pas un vulgaire café, c'est le café du Dôme : *Cahoua el-Koubba,* ainsi nommé à raison d'une coupole à godrons qui s'appuie sur la muraille creusée de niches et d'arcatures. Une autre coupole à peu près semblable touche à la première : ce sont évidemment les restes d'une église byzantine, quelque ruine de l'épiscopale « Colonia Justiniana ».

Comme la plupart des villes arabes, Sousse, enfermée dans ses murailles, n'a aucun faubourg : pas une maison ne s'est hasardée au dehors de l'enceinte, et cependant les environs sont tentateurs avec leurs superbes oliviers et leurs champs d'orge entourés de cactus épineux.

Seuls, à quelques pas de la formidable muraille de la Kasba dont la tour carrée du Phare domine la masse pesante, des nomades sont venus établir leurs gourbis et ont installé ces tentes noires si justement comparées à des chauves-souris couchées.

Là, derrière une haie de branches sèches, sur un sol exhaussé du fumier des chameaux et d'immondices de toutes sortes, grouille une tribu d'hommes basanés et de femmes aux fronts et aux lèvres tatoués de bleu; leurs oreilles et leurs cous sont chargés de lourdes pendeloques d'argent et de colliers où pendent les mains de Fatma et d'autres amulettes protectrices ; leurs robes, uniformément d'un bleu sombre, rattachées à l'épaule par des agrafes d'argent, laissent voir des bras magnifiques. Ce sont des Bédouins, des descendants des envahisseurs arabes qui ont de leurs ancêtres gardé des habitudes demi-nomades.

Quel âge ont ces femmes ? Je ne parle pas de ces vieilles accroupies devant une marmite où, du bout d'un bâton, elles remuent je ne sais quoi ; non plus de ces sorcières noires qui nous regardent fixement du fond de leurs tentes, mais ces femmes qui s'avancent pour nous voir en nous montrant leurs dents blanches ? Une vingtaine, une trentaine d'années au plus à en juger par l'âge des enfants qu'elles poussent vers nous et qui nous entourent en criant : *Gib sordi*, donne un sou ; à leurs faces ridées, ravagées, on leur en donnerait cinquante.

Quelques fillettes de dix à douze ans sont charmantes avec leurs grands yeux veloutés qu'agrandit le khol et timidement elles tendent vers nous leurs petites pattes rougies de henné. Nous voudrions les photographier, mais de la tente surgit soudain le père ou le maître et à sa voix la bande s'enfuit.

En vain faisons-nous comprendre au trouble-fête que nous paierons le cliché de quelque menue monnaie, il ne daigne pas nous répondre. Voilà un an que ces gens sont là : de quoi vivent-ils ? De mendicité surtout, nous a-t-on dit. C'est invraisemblable. Qui leur fournit, sinon le pain, du moins la datte quotidienne ? Ce ne sont certes pas les turcos qui du haut de la route les regardent indifférents ; ce ne sont pas non plus les quelques « sordi » que nous distribuons aux gamins acharnés à nous quémander, et dont D... s'éloigne avec terreur, en pensant aux innombrables habitants cachés dans ces loques invraisemblables ; alors, quoi ? *Allah Kébir!* Dieu est grand !

De Sousse à Kairouan, le chemin de fer vous conduit en moins de trois heures. Il a remplacé le Decauville qui fut établi aussitôt la conquête et qui, avec ses wagons traînés par des chevaux, permit à nos troupes de pacifier rapidement le pays.

Nous sommes ici dans le pays saint, la terre sacrée des musulmans d'Afrique. On s'attendait à trouver une résistance désespérée à Kairouan, La Mecque de l'Occident, une des quatre villes saintes de l'Islam, où jamais mécréant n'avait pénétré qu'au péril de sa vie. Elle était si peu connue que Galibert dans un livre imprimé en 1843 dit qu'il n'en reste que des ruines.

A la stupéfaction de nos généraux il n'y eut même pas simulacre de défense : un marabout avait annoncé que des soldats à pantalons rouges entreraient à Kairouan et les musulmans, soumis à la volonté d'Allah, avaient ouvert leurs portes. Qui sait ce qui serait arrivé si des chasseurs avaient marché à l'avant-garde?

Le prophète n'avait pas eu grand mérite à sa prédiction : il était mort en 1860 et dès cette époque sans être animé du souffle divin on pouvait prévoir les pantalons rouges.

Malgré la reddition de Kairouan le pays resta longtemps agité, des postes militaires durent être établis et le Decauville rendit des services importants.

Aujourd'hui la Tunisie entière est pacifiée ; les seuls soldats que nous voyons sont des spahis et des turcos qui profitent du congé accordé pour l'Aït-el-Kebir, et aux stations embrassent consciencieusement les amis et parents rencontrés.

Les voir est la distraction de la route ; le paysage en offre peu. Si la légende dit vrai, quand Okba, lieutenant de Mahomet, fonda Kairouan en l'an 50 de l'hégire, le pays était couvert d'une épaisse forêt. Aujourd'hui c'est, une fois les olivettes soussiennes dépassées, un interminable steppe, qui seulement aux alentours des stations s'égaie d'un peu de verdure.

Parfois des murailles écroulées, un tas de pierres, indiquent l'emplacement d'une cité ou d'une ferme romaines.

A droite et à gauche, des *sbakh* (au singulier *sebka*) ajoutent à la désolation du paysage. Ces « sbakh » sont des marais salins, des lacs plutôt, formés par des rivières sans issue; ils sont assez nombreux en Tunisie et quelques-uns sont très étendus. Desséchés pendant l'été, ils s'étalent l'hiver sur de vastes espaces ; à notre droite la sebka della Kebbia a une vingtaine de kilomètres de longueur et à notre gauche celle de Sidi-el-Hani est quatre fois plus considérable.

Quelquefois ces deux sbakh communiquent et c'est précisément ce qui est arrivé ce dernier hiver. Durant près d'un mois la circulation des trains a été interrompue, et encore aujourd'hui, pendant plusieurs kilomètres, les wagons avancent lentement sur une voie où l'eau atteint presque l'essieu des roues.

Le ciel est très bas, très triste, en harmonie avec le paysage; depuis longtemps nous devrions voir Kairouan et nous n'apercevons que la lande interminable et déserte.

Enfin, une ligne blanchâtre apparait à travers la brume : c'est Kairouan.

Un quart d'heure plus tard, nous sommes

à « l'Hôtel splendide » nom ambitieux qui, malgré son exagération, sert d'enseigne à une confortable et très suffisante hôtellerie.

Au surplus ce n'est pas pour la cuisine que l'on vient à Kairouan et, aussitôt que nous nous sommes munis d'un guide indigène, nous pénétrons dans la ville.

Elle est tout arabe : si sur ses 25.000 habitants Sousse compte 6.000 Européens, à peine aux 20.000 indigènes de Kairouan s'ajoute-t-il une soixantaine de Français et d'Italiens groupés au pied des murailles, à l'entrée de la ville sainte.

Ses murailles rappellent celles de Sousse ; comme à Sousse les créneaux sont séparés par des pierres aux angles émoussés, et les tours rondes qui les flanquent sont à demi engagées dans la muraille qu'elles ne dépassent pas en hauteur.

A peine dans la ville, l'Orient vous étreint, vous pénètre.

Sans doute ces trottoirs réguliers, ces pavés, ces réverbères montrent que l'Européen est venu, mais il a agi discrètement, sans toucher aux lignes essentielles de la ville et Kairouan est resté le pur type de la ville arabe.

Ces maisons, aplaties sous leurs terrasses, dont le rez-de-chaussée s'ouvre aux boutiques de toutes sortes, ces auvents protecteurs contre le soleil, ces *koubbas* blanches, ces minarets, ces rues tortueuses ressemblent sans doute à ce que nous avons vu à Tunis et à Sousse ; cependant c'est tout autre chose.

La foule en habits de fête se presse dans les rues et c'est un régal pour les yeux que ce kaléïdoscope de costumes aux couleurs vives, ces robes de soie jaune, orange, rose, bleu, ces turbans, ces chéchias, ces burnous, ces haïcks qui se croisent et se mêlent, tandis que, fantômes noirs, des femmes complètement voilées se glissent le long des maisons.

Sur la place, des divertissements sont installés ; n'y cherchons pas la couleur locale : des jeux de bague, des montagnes russes sommairement organisées attirent la foule des gamins, n'étaient les costumes, ce serait une fête villageoise française. Des enfants s'entassent dans des charrettes, des voitures et fouettent cochers ! courent à fond de train le long des remparts en se bousculant avec des cris de joie ; d'autres les suivent, qui à cheval, à mulet, à âne, qui à pied et c'est une cavalcade continuelle qui tournoie dans la poussière, aux yeux des Arabes gravement assis devant les cafés, drapés majestueusement dans leurs burnous. Kairouan s'amuse ; cela lui va mal et le rire des enfants n'empêche pas d'entendre les appels rauques des muezzins qui du haut des quatre-vingt-cinq mosquées rappellent aux croyants que Dieu est Dieu et que Mahomet est son prophète.

Quatre-vingt-cinq, tel est bien le nombre des mosquées de Kairouan; il est vrai qu'un grand nombre sont de simples marabouts et quatre seulement valent une visite.

La grande mosquée, jadis au centre de la ville, est maintenant à une des extrémités, à un angle du triangle formé par l'enceinte, car Kairouan au XIVe siècle comptait, dit-on, 160.000 habitants et par trois fois l'enceinte a dû être rétrécie. Il y a vingt-cinq ans, aucun Européen n'y avait encore pénétré, aussi les légendes la peignaient comme un édifice splendide, chef-d'œuvre féerique de l'art arabe.

Il a fallu en rabattre quoiqu'elle soit très remarquable, surtout si on la compare aux autres mosquées tunisiennes.

Fondée en même temps que la ville, la première mosquée dont les pierres étaient venues d'elles-mêmes se ranger à l'endroit que leur assignait Okba ne tarda pas, en dépit de son origine miraculeuse, à être remplacée par une seconde qui elle-même fut, en l'an 155 de l'hégire (772, J.-C), rasée par Ziadet-Allah, souverain aglabite. C'est à celui-ci que nous devons la mosquée actuelle; elle est donc antérieure à la mosquée de Cordoue avec laquelle elle a des points frappants de ressemblance.

D'ailleurs, toutes les mosquées se ressemblent. A l'exception de celles de Constantinople qui sont d'anciennes églises chrétiennes transformées et de celles construites sur leur modèle, elles se composent d'une cour, d'un minaret et de la mosquée proprement dite, le *liouân* a plafond bas porté par une infinité de colonnes. Le mur nu de l'enceinte, soutenu par d'épais contreforts, ne laisse rien soupçonner de l'intérieur.

A Kairouan, la porte percée dans ce mur a grand air. Très hauts, sous l'arc mauresque appuyé sur le marbre de colonnes antiques, ses vantaux de chêne sont travaillés artistement et décorés de carrés et de losanges, tandis qu'au dessus courent des feuillages et des arabesques.

La porte franchie, vous êtes dans une immense cour dallée de marbre blanc entourée d'un double rang de portiques dont les arcades retombent sur des colonnes lisses ou cannelées, aux chapiteaux variés, qui toutes proviennent des ruines des cités romaines. Les unes trop longues sont enfoncées en terre ; trop courtes, les autres sont exhaussées sur des stylobates. Ces galeries servent ordinairement d'abri aux pèlerins et aux étudiants ; aujourd'hui elles sont désertes : c'est *l'Aït-el-Kebir*.

A une extrémité de la cour s'élève le minaret, à l'autre la coupole de la mosquée. Sous la cour est creusée une vaste citerne ; l'eau qu'on en tire, versée dans des fûts de colonnes évidés, sert aux ablutions.

Un portique plus élevé et des colonnes plus riches et de marbres plus précieux précèdent le « liouân » principal.

Nous pouvons le franchir car nous avons eu soin de nous munir au Contrôle d'une carte d'entrée, carte gratuite refusée aux seuls juifs dont la présence, plus odieuse cent fois que celle des chrétiens, souillerait la mosquée. Le Koran ne dit-il pas : « Ceux qui haïssent le plus « les croyants sont les juifs et les idolâtres ; ceux « qui seraient le plus disposés à les aimer sont « les chrétiens ? » Comment le contrôleur a-t-il pu deviner que nous n'étions pas fils d'Abraham ? A nos nez probablement, car il ne nous a fait aucune question. Chose singulière, les mosquées de cette ville si longtemps inaccessible aux infidèles sont aujourd'hui les seules de Tunisie où ils puissent pénétrer. D'où vient cette anomalie ? nous n'avons pu le savoir. Ali, notre guide, nous assure que, lors de l'entrée des troupes françaises, les officiers, pour tenir leurs soldats sous la main en cas d'alerte, les firent camper dans les mosquées, et dès lors celles-ci étant profanées restèrent ouvertes aux Roumis. L'explication ne me satisfait guère ; je la donne pour ce qu'elle vaut.

Quoi qu'il en soit, nous entrons. Les nattes ont été relevées, ce qui nous dispense de chausser des babouches ; c'est, en effet, la natte de la prière et non le dallage qui est sacrée. Les nattes cachent tout le sol et même de petites, relevées, protègent la base des colonnes.

Dix-sept rangs de colonnes dont quelques-unes sont accouplées divisent la nef et soutiennent les arceaux des travées. Des poutrelles en bois qui semblent pourtant bien inutiles à la solidité de l'édifice coupent disgracieusement les allées en joignant les chapiteaux. L'impression ne peut être comparée à celle donnée par la mosquée de Cordoue, si défigurée que celle-ci ait été par les Espagnols ; elle est cependant très profonde. Cette forêt de colonnes qui s'alignent à perte de vue, ces voûtes basses, cet enchevêtrement d'arceaux agissent fortement sur l'âme. L'effet que nos « maîtres maçons » du moyen âge ont cherché dans la hauteur, les architectes maures l'ont demandé à la profondeur, et celui qu'ils ont obtenu est puissant aussi, grave et religieux. Toutes les colonnes sont antiques, beaucoup sont en granit, d'autres en onyx, en jaspe, en marbres de toutes nuances, plusieurs en porphyre, comme ces deux superbes de l'allée centrale entre lesquelles, ainsi qu'à la mosquée d'Amrou au Caire, seuls peuvent passer ceux qui entreront au Paradis. Hélas ! aucun de nous trois ne verra les houris promises par le Prophète à ses élus !

Les lustres qui pendent du plafond ou des poutrelles transversales n'ont rien d'artistique ;

ce sont des amas de morceaux de cristal ou de simples lampes.

Le *mirhab*, c'est-à-dire la niche indiquant aux fidèles la direction de La Mecque, et la chaire ou *mimbar* sont les seuls accessoires d'une mosquée et c'est sur eux que se concentrent ses richesses.

Il en est ainsi à Kairouan. Une belle coupole éclairée par des vitraux s'arrondit au-dessus du mirhab et du mimbar placés à côté l'un de l'autre. Le mirhab encadré de deux colonnes de marbre rouge taché de jaune, « dont l'empe« reur de Constantinople a offert le poids en or » est peinturluré de couleurs heurtées, mais le mimbar est en bois sculpté et travaillé comme de l'ivoire. Les plus célèbres mimbars du Caire ne sont pas plus beaux, aussi Ali nous affirme qu'il vient directement du Paradis.

A l'autre extrémité de la cour, se dresse le minaret, haut de trente-cinq mètres. C'est une tour massive, carrée et crénelée qui, rétrécie subitement aux deux tiers de sa hauteur, puis un peu plus haut, se termine par un dôme.

Du sommet la vue est admirable, splendide, étrange.

Tout près, la mosquée avec ses dômes et ses vastes toits plats ondulés, puis tout autour, des terrasses blanches, des murs blancs, des koubbas arrondies, des coupoles de marabouts, et encore des terrasses et des terrasses, se touchant, se juxtaposant, s'entassant jusqu'à une ligne nette, blanche aussi, festonnée, qui est la muraille crénelée de l'enceinte.

Au delà quelques dômes et minarets, la mosquée des Sabres, celle du Barbier, d'autres encore, puis tout de suite, nue, désolée, immense, la plaine, le steppe.

Je viens de parler de la mosquée du Barbier, nous nous dirigeons vers elle en quittant la Djama Kebira.

Sur notre route, à cinq cents pas de l'enceinte, c'est-à-dire déjà dans le désert, nous rencontrons un bassin polygonal de cent mètres de largeur où s'emmagasine l'eau amenée de trente kilomètres à Kairouan. Il a été construit par les Aglabites, la dynastie arabe qui, au temps de Charlemagne et d'Haroun-al-Raschid, régnait à Kairouan. L'impéritie musulmane avait délaissé ce remarquable travail, aussi tombait-il en ruines lors de la conquête française : il est aujourd'hui restauré.

La mosquée de Sidi-Sahab ou du Barbier doit son nom au marabout qui y est enterré, et qui, barbier du Prophète, a voulu être inhumé avec trois poils de la barbe de Mahomet. Elle est isolée dans la plaine.

Ce n'est pas seulement une mosquée, c'est aussi une *medersa*, c'est-à-dire une université. La plupart des *tobbas* (étudiants) sont absents (c'est jour de fête) ; cependant nous en voyons un certain nombre qui, isolés ou groupés, un carton à la main, balançant la tête, ânonnent je ne sais quoi, ou plutôt je le sais trop : ce sont des « sourates » du Koran, l'alpha et l'oméga de la science musulmane.

Un des tobbas, un homme de quarante-cinq ans environ, est seul dans un réduit, occupé à une étude qui nous intrigue ; à demi-nu, il regarde attentivement son burnous : « Que fait-il ? » demandons-nous à Ali. « Il cherche ses poux », répond notre guide. Peut-être est-ce plus utile que d'étudier le Koran.

L'édifice, très vaste, est flanqué d'un joli minaret où flotte l'étendard tunisien. La cour est entourée de galeries au plafond *artesonado* comme disent les Espagnols, c'est-à-dire à caissons de bois ciselés et dorés ; des stucs ouvragés semblables à des ivoires, des faïences anciennes aux couleurs harmonieuses décorent les murs.

Seules une porte rococo et des fenêtres à frise italienne détonnent étrangement dans cet ensemble oriental ; c'est l'ex voto d'un Kairouanais qui les avait « reçues » (?) en Italie. Il eût mieux fait de les garder pour lui, car nulle part ne se vérifie mieux le vieil adage : « Chaque chose à sa place » et ces sculptures, qui seraient élégantes à Naples, sont grotesques ici.

Le vestibule à ciel ouvert qui conduit au

tombeau est une des plus jolies choses de la Tunisie avec ses arcades mauresques, ses faïences, ses filigranes de stuc.

Le tombeau du Figaro musulman est protégé contre l'excessive vénération des fidèles par un treillage en bois vert semblable à ceux où grimpent les volubilis des « campagnes » de Bougival ou de Champigny. Pour compléter l'illusion des boules de verre, rouges, bleues et jaunes entremêlées à des sachets remplis de terre rapportée de La Mecque sont suspendues aux lames du treillage.

Au milieu, sur un tapis, abrité par des bannières de toutes couleurs, le cercueil de Sidi-Sahab, voilé entièrement d'une housse d'un vert foncé, galonnée et « arabesquée » d'or. A côté du cercueil un vase renferme un peu d'eau ; Ali nous apprend que cette eau est miraculeuse.

A La Mecque, on place auprès du tombeau du Prophète un pot plein d'eau et une cuvette. Le lendemain le pot est vide et la cuvette est pleine. L'eau ainsi transposée se vend naturellement très cher, ce qui prouve que les imams de La Mecque ne sont pas des sots. Heureusement pour eux aucun Élie ne va semer du sable dans la Kaâba.

Une autre mosquée intéressante est celle d'Amer-Abbâda, appelée aussi des Sabres, dont les cinq coupoles à côtes longitudinales se voient de très loin. L'espace qui la sépare de celle du Barbier est semé de tombeaux, c'est la nécropole de Kairouan.

Les musulmans ne paraissent pas avoir un grand respect pour leurs morts et ils viennent rarement et seulement à jours fixes prier sur leurs tombes. Celles-ci n'ont aucun signe distinctif, pas un souvenir, pas une fleur ; le nom même du défunt n'est inscrit que sur les sépultures des grands personnages ; le commun des fidèles dort sous des dalles anonymes aux extrémités desquelles sont plantées de petites pierres, deux juxtaposées si la dalle recouvre une femme, et ces tombes abandonnées sont bientôt cachées par les ronces, les herbes ou la terre amoncelée. Rien ne les protège contre les bestiaux et les passants et nous en avons vu en Kabylie jusqu'au milieu des chemins.

Jadis, beaucoup de gens se faisaient enterrer dans la cour même de leurs maisons; les Français ont interdit cette coutume peu hygiénique.

Quelques champs sont cultivés auprès de la ville, et nous y voyons des laboureurs pousser leurs charrues traînées par deux bœufs, charrues primitives que l'Arabe routinier se refuse obstinément à modifier, et qui, soc de fer recourbé tenu à la main, doit être celle dont il y a des milliers d'années se servaient les laboureurs berbères.

Revenons à la mosquée des Sabres. Elle

remonte à peine à cinquante ans. Un forgeron s'imagina ou du moins fit croire aux Kairouanais qu'il avait été subitement rempli de l'esprit prophétique, et cela lui permit non seulement de vivre grassement des aumônes reçues mais d'édifier la mosquée.

Dans le vestibule on nous montre les sabres qui ont donné leur nom à l'édifice ; ils ont été forgés par le marabout, et s'ils pouvaient servir à quelqu'un ce serait à Goliath ou à Gargantua. A côté on lit sur une planche la fameuse prophétie qui annonce l'arrivée des Français. Des sceptiques prétendent que, moyennant rétribution raisonnable, elle a été inspirée au prophète par un intelligent consul ; d'autres vont jusqu'à dire qu'elle a été découverte auprès du tombeau seulement quelques mois avant l'expédition française ; qui le saura ?

Ali, notre guide, a une autre manière d'expliquer l'entrée des Roumis dans la ville sainte. Les Bédouins, ces nomades que les sédentaires considèrent d'un œil aussi malveillant que nos paysans voient les bohémiens vagabonds, refusaient de payer leurs impôts au bey ; celui-ci pour les mettre à la raison appela les Français, et c'est aux gendarmes du bey que Kairouan ouvrit ses portes.

Ali connaît bien d'autres histoires : dans un terrain voisin de la mosquée des Sabres, il nous montre des ancres provenant évidemment d'un gros navire moderne. Ce sont les ancres de l'arche de Noé, et une vision a révélé au Forgeron qu'on les trouverait auprès de Porto-Farina à quelques lieues de Tunis ; le bey fit faire des recherches et découvrit les ancres diluviennes, qu'après la mort du marabout, en 1860, il envoya en hommage à sa mosquée.

Est-ce dans celle-ci ou dans celle des Trois Portes que se trouve le fameux puits qui communique mystérieusement avec celui de la Kaâba de La Mecque? Je ne me le rappelle plus, mais, ici ou là, nous avons vu cet illustre puits et Ali se porte garant du miracle. La preuve, c'est qu'un jour, un *hadji* avait, par crainte des voleurs, cloué des pièces d'or sous une planche; par mégarde il la laissa choir dans le puits de La Mecque et quelle fut sa surprise, de retour à Kairouan, en retrouvant ici, dans ce puits, la précieuse planche clouée d'or! Qu'avez-vous à répondre à cela? Que répondriez-vous aussi aux mille légendes que nous raconte notre guide et auquel il croit aussi fermement qu'un Breton aux revenants et aux farfadets ? N'est-il pas, par exemple, certain que la nuit des vers sortent de la bouche des Juifs? Il n'en a pas vu, mais il en est sûr. Pourquoi ? Voici : Mahomet avait jadis exterminé les Juifs ; mais touché par les lamentations de leurs veuves, comme il était fort bon, il permit à celles-ci une dernière nuit avec leurs maris et de ces unions posthumes descendent les Juifs d'aujourd'hui. Fils de morts, ils ont conservé en eux les vers du sépulcre.

Chose singulière, nous avons retrouvé cette légende bien loin de Kairouan, à Biskra ; notre guide d'alors y croyait aussi fermement qu'Ali.

Les Arabes ne disent-ils pas : « Mange avec le « Juif et dors avec la chrétienne ? » C'est que le Juif ne mange pas de porc et que la chrétienne n'a pas de vers entre les dents.

Nombreuses sont ces superstitions musulmanes. Si cette maison est écroulée c'est que le Forgeron, mécontent de voir un Juif demeurer si près de lui, l'a fait tomber d'un geste et depuis on n'a pas pu la reconstruire. S'il n'y a pas de scorpions à Kairouan, c'est que le Prophète, (Ali veut sans doute dire Okba, car Mahomet n'est jamais venu à Kairouan qui n'existait pas encore), a défendu à ces bêtes malfaisantes d'approcher à moins de six kilomètres ; s'il y a tant d'aveugles, ce n'est pas à la malpropreté, au soleil qu'il faut l'attribuer, c'est que les imprudents auront voulu compter les colonnes de la grande mosquée, etc, etc..

La mosquée des Trois-Portes est la quatrième des grandes mosquées de Kairouan. Chose rare, la façade retient l'attention. Quatre lignes horizontales d'inscriptions coufiques la couvrent dans toute sa longueur de leurs belles lettres décoratives, depuis les voussures des trois porches juxtaposés qui ont donné leur nom à l'édifice jusqu'à la corniche saillante du toit, soutenue par des modillons variés.

Ces visites aux mosquées nous ont pris beaucoup de temps, aussi quand nous arrivons à la zaouia où les Aïssaouas exécutent leurs pieux exercices, nous la trouvons close : la prière est terminée et les Aïssaouas retournent chez eux. Ils nous offrent bien de recommencer pour nous, mais nous trouvons que les trente francs qu'ils nous demandent peuvent être plus agréablement employés qu'à voir des gens se percer la joue avec un poignard et avaler du verre cassé : nous refusons. Il ne fallait pas qu'ils vinssent à l'Exposition de 1900, où, pour beaucoup moins cher, ils nous ont dégoûtés.

Nous rentrons donc en ville derrière les Aïssaouas déçus, et après avoir franchi la belle porte double dite de Tunis et la place où la fête bat toujours son plein, nous pénétrons dans les ruelles et les souks. L... ne pourrait traverser une ville sans acheter des bijoux, colliers, bracelets, agrafes, et D... veut un tapis de Kairouan.

Les bijoux sont achetés, et le prix en est fixé par un contrôleur spécial qui les pèse et les poinçonne. Quant aux tapis, ils sont loin de valoir ceux de Tunis : les teintes en sont crues, heurtées, et sont dues aux couleurs d'aniline ; aussi cette industrie, si prospère autrefois, a-t-elle beaucoup souffert. Le prix de vente s'est abaissé de trente et vingt-cinq francs jusqu'à huit francs le mètre carré. L'administration française a voulu couper le mal par la racine, et a exigé le retour aux colorants végétaux ; elle a accordé six mois pour l'écoulement des fils teints à l'aniline, mais, comme les six jours bibliques ces mois paraissent être d'une nature particulière et s'allonger indéfiniment.

Ali, dont la femme, comme nombre de ses compatriotes, fabrique des tapis, nous affirme naturellement qu'elle ne se sert que de nuances végétales et il nous conduit dans sa maison.

Maison très simple : un vestibule bas blanchi à la chaux, une cour exiguë, un hangar et deux chambres. Des cornes de béliers et de bœufs attachées aux murailles, et une main de Fatma peinte près de la porte, éloignent les esprits méchants.

Sous le hangar, les métiers à tisser sont suspendus ; métiers primitifs : une chaîne de fils de laine verticale, dans laquelle l'ouvrière passe à la main la trame qu'elle fixe ensuite en frappant avec un peigne dont les dents pénètrent entre les fils de la chaîne. Aucun modèle ; l'ouvrière est laissée à son inspiration, elle prend la couleur qui lui convient et forme le dessin qui lui plaît. Chaque famille a son dessin spécial transmis de génération en génération. A mon avis, ils sont ordinairement peu réussis et inférieurs à ceux des tapis de Tunis ou de Perse.

Sur notre demande les deux sœurs et la femme d'Ali se mettent à l'ouvrage et elles y déploient une grande dextérité. Ali n'essaye pas de nous placer sa marchandise; guide d'étrangers, il trouve facilement des acquéreurs, et le tapis que nous voyons à peine commencé est déjà vendu.

J'ai parlé de la femme d'Ali : il n'en a qu'une et c'est une fort jolie brune malgré l'exagération de la peinture de ses sourcils qui se rejoignent et se prolongent, larges, presque jusqu'aux oreilles. Le coquin a bien choisi, ou plutôt sa mère a bien choisi pour lui, car l'Arabe voit sa femme pour la première fois le soir de ses noces; c'est la mère, ou à défaut une parente, qui s'occupe des préliminaires, cherche la fiancée, et discute la dot que le mari paiera aux parents. L'homme épouse une femme voilée dont le soir seulement il a le droit d'apprécier les charmes.

S'il ne les apprécie pas suffisamment, un remède est sous sa main, le divorce.

Ali en a usé : sa première femme lui a coûté 1.300 francs, frais de noces compris; elle a eu un enfant mais celui-ci étant mort, Ali a répudié la mère, moyennant une indemnité de 90 francs payée à la famille, plus 7 fr. 50 pour le notaire.

Ayant réfléchi, il a repris la répudiée, puis

décidément volage, il a encore divorcé, à bien meilleur compte cette fois: 10 francs seulement pour la famille, non compris toujours les 7 fr.50 du notaire.

Tout cela nous est raconté tranquillement, simplement, c'est la chose la plus naturelle du monde.

Et sa seconde femme? Oh! celle-là ne lui a coûté que 600 francs, et il n'a pas envie de divorcer, la maman a bien choisi.

C'est notre avis, surtout celui du plus jeune d'entre nous.

Mais quand il y a deux, trois, quatre femmes? Chacune a sa nuit tour à tour. Le Koran l'ordonne et dans sa deuxième sourate, le Prophète a traité ces questions avec un aussi grand luxe de détails que Jéhovah dans le *Décalogue*.

Le Koran interdit aux femmes de se dévoiler devant tout autre que leurs pères, leurs enfants, leurs neveux et nièces et leurs esclaves, et pourtant, nous voyons fort bien les yeux noirs de Mme Ali, mais pour les cent sous que nous coûte la journée de notre guide, nous avons sans doute droit à quelques privilèges.

La chambre où nous pénétrons, (l'autre, celle réservée aux femmes, nous demeure interdite), est décorée avec assez de goût, et sur un lit, au fond, est couché le père d'Ali, vieillard de quatre-vingt-six ans, à figure patriarcale, qui ne peut plus se lever, mais qui a conservé toute son intelligence. C'est un ancien interprète ; il nous souhaite la bienvenue en bon français, et c'est à la française aussi que nous lui serrons la main en lui souhaitant encore de longues années. *En cha Allah !* nous répond-il, « s'il plait à Dieu », phrase que nous entendions pour la première fois et que nous avons entendue bien souvent depuis, le musulman l'employant à tout propos.

Le soir, une étrange fanfare nous faisait quitter la table où nous savourions le menu de l' « Hôtel splendide » ; c'était la retraite aux flambeaux des tirailleurs, et comme nous étions à quelques pas du « Contrôle », nous pûmes pendant un quart d'heure nous régaler des tambours, des clairons, et surtout de cette bizarre *nouba*, sorte de fifre propre aux régiments de turcos, comme la cornemuse, qu'elle rappelle d'ailleurs, l'est aux régiments de highlanders.

Ces lumières vacillantes qui s'enfonçaient dans la rue sombre, cette musique à demi-barbare terminaient dignement une des plus belles journées du voyage à laquelle il n'avait manqué que le soleil demeuré obstinément caché derrière de gros nuages. Pleuvra-t-il? Les indigènes l'espèrent, voilà la soixante-dixième journée sans pluie : « Les Kairouanais « ne sont plus assez pieux » disent les imans et nous répète Ali.

Le lendemain de bon matin nous quittions Kairouan, et en deux heures le train nous ramenait à Sousse.

Les souks étaient en pleine activité, c'était l'heure de la vente à la criée des étoffes; le vendeur, sa marchandise à la main, parcourait les galeries en criant les enchères obtenues: *tleta, arba, khamsa,* trois, quatre, cinq, et dans une des boutiques un commissaire-priseur européen tenait note des prix.

Un autre souvenir de cette matinée est d'un genre tout différent: c'est, sur le seuil d'une maison dont la porte entre-bâillée laissait voir des arcades décorées de faïences, une jeune fille d'une quinzaine d'années d'une admirable beauté. Je voulus en conserver les traits, malheureusement à la vue de mon kodak, elle rentra précipitamment et la porte se referma. Pourtant c'était une Juive; son costume l'indiquait et ses traits aussi, cette beauté spéciale qui faisait dire à l'enthousiaste père Hyacinthe prêchant à Notre-Dame: « Quand la Juive passe, « qui ne reconnaît que le regard de Dieu s'est « abaissé sur elle ? »

Les Juifs sont nombreux à Sousse et leur cimetière, non loin de la Kasba, est curieux avec ses tombes en marbre blanc étagées sur la pente de la colline, mais les heures s'écoulent et il est temps de déjeuner à la hâte avant de monter dans l'automobile où nos places sont retenues depuis cinq jours.

C'est en effet une automobile qui fait le service entre Sousse et Sfax en attendant le chemin de fer depuis longtemps projeté. La machine est une ancienne Panhard dont les pneus ont été remplacés par des cercles de fer. En six heures elle franchit les 128 kilomètres qui séparent les deux villes, bien entendu quand la fâcheuse panne ne s'en mêle pas, mésaventure fréquente et qui précisément retient à quelques lieues d'ici l'auto que nous devrions croiser.

Les environs de Sousse sont agréables. Nous traversons des champs bien cultivés et des olivettes ; de nombreux indigènes, isolés ou par groupes, suivent la route, s'écartant précipitamment au « teuf-teuf » de notre auto. Les mulets, les ânes s'esbrouffent, et les chameaux s'enfuient dans les champs voisins quand leurs conducteurs à notre approche n'ont pas pris la précaution de les y conduire eux-mêmes, mais quand nous avons dépassé Bourdjine, village aux rues étroites et tortueuses, où, dans l'encombrement des animaux, des voitures et des hommes, notre machine avance lentement, le pays change d'aspect.

Nous retrouvons le steppe tel que nous

l'avons vu de Sousse à Kairouan ; c'est le même sol aride, pierreux ou sablonneux, parsemé de touffes d'alfa, de diss aux longues feuilles aiguës et piquantes, de buissons de jujubiers épineux sans feuilles à cette saison et dans une dépression à droite nous apercevons la sebka Sidi-Hani dont, auprès de Kairouan, nous avons touché l'autre extrémité.

Tout cela est fastidieux et nous abrégeons les lenteurs de la route par la conversation avec nos compagnons d'auto.

Deux, l'un pharmacien à Sfax, l'autre habitant El-Djem, ne demandent pas mieux que de causer.

Nous parlons colonisation, elle a pris un grand développement depuis quelques années ; aux environs de Sfax, des centaines de milliers d'oliviers ont été plantés. Le terrain ne convient ni à la vigne ni au cotonnier, l'olivier au contraire y prospère. L'Administration a puissamment encouragé ce mouvement en vendant dix francs l'hectare seulement d'immenses domaines appartenant à l'État, nommés terres sialines, parce qu'elles proviennent de confiscations sur une famille Siala. Ces ventes sont consenties à la seule charge de planter dans un certain délai, condition peu onéreuse étant donnée la nature du contrat particulier employé dans la région entre propriétaire et fermier. Aussi ces concessions ne sont-elles accordées qu'à *persona grata* et qui le distributeur peut-il avoir de plus *gratus* que lui-même ?

Ce contrat se nomme *m'gharcia*; le propriétaire fournit le terrain et quelque argent pour achat de plants et dépenses de culture ; l'indigène fermier creuse les trous nécessaires à la plantation des arbres, pioche, bine, taille, cultive le champ entre les oliviers, et quand, après dix années, l'olivier devient productif, le propriétaire et le fermier se partagent par moitié terrain et arbres.

Bien entendu, il faut que le fermier ait cultivé suffisamment, sinon il est purement et simplement congédié. Il a certes le droit de s'adresser aux tribunaux, mais il en use rarement ; l'expérience a, paraît-il, prouvé que jamais un propriétaire européen n'avait à tort expulsé son fermier, ce qui est tout à l'éloge des propriétaires.

Cette équité n'empêche pas le colon de gagner beaucoup d'argent, et la valeur des terres de s'accroître considérablement. Un exemple frappant est celui d'un haut fonctionnaire ; nos voisins citent des chiffres auxquels nous n'attachons pas une créance bien grande, mais y eut-il exagération, l'exemple est assez suggestif pour donner envie de le suivre, surtout quand on est haut fonctionnaire.

J'oubliais d'ajouter, mais cela va sans dire, qu'avant de procéder au partage, le fermier devait rembourser au propriétaire les sommes avancées ; lorsqu'il ne le peut, et le cas est habituel, il s'acquitte en abandonnant tout ou partie de ce qui lui est échu.

S'il rembourse, il ne paie que le capital, les intérêts ayant été compensés avec le quart des récoltes qui revient au propriétaire. Avantageuse compensation, puisque les avances du propriétaire ne s'élèvent guère qu'à 20 ou 25 francs par hectare, mais en Tunisie le capital est productif.

Le taux ordinaire, je dirais presque le taux légal, est 12 0/0 ; c'est le minimum, 18 0/0, 30 0/0, 35 0/0 sont des taux fréquents. A Tozeur, nous verrons une brave dame qui prête à 5 0/0, mais à 5 0/0 par mois, soit à 60 0/0 et ne croyez pas que l'aléa du prêt justifie ces taux fantastiques : le prêteur, juif ou européen, car nombre de colons ne dédaignent pas ces opérations profitables, ne prête qu'à coup sûr et prend en garantie soit des bijoux, soit des immeubles ; dans ce dernier cas, il doit connaître à fond la propriété arabe et se méfier des biens *habous*, c'est-à-dire religieux, qui sont inaliénables.

Le livre foncier avec sa force probante, (les jurisconsultes me comprendront), existe bien en Tunisie, mais comme il n'est pas obligatoire, dans le sud les colons seuls font immatriculer leurs immeubles. Les indigènes ont un système si compliqué de transmission et surtout de succession que dans le Djérid il arrive souvent que non seulement un jardin appartient à plusieurs divisément ou indivisément, mais que telle branche d'un palmier n'a pas le même propriétaire que la branche voisine.

Le Koran n'admet pas l'intérêt; comme la Bible, il traite d'usure tout produit du capital. La Tunisie étant soumise au droit musulman le créancier ne pourrait donc réclamer d'intérêts, s'il ne parait au danger de la manière la plus simple. Il ne prête que pour une année et retient d'avance l'intérêt. Comment, dans ces conditions, l'indigène peut-il, accablé en outre de ces impôts dont je parlerai plus tard, rembourser son prêteur ? Il y parvient quelquefois quand l'année est bonne, car il vit avec presque rien. Le plus souvent, après quelques prêts annuels et successifs, il abandonne bijoux ou biens au créancier et ce résultat deviendra de plus en plus fréquent quand les immenses plantations du Sahel sfaxien auront amené l'avilissement du prix de l'huile.

Une singulière habitude favorise ces placements « avantageux ». L'Arabe n'aime pas toucher à ce qu'il a gagné ; quand, après une récolte abondante, il a pu amasser quelque pécule, il le cache, l'enfouit, et s'il survient une mauvaise année, au lieu de prendre sur le bénéfice des années précédentes, il emprunte. Le trésor servira à des acquisitions de terrain ou à d'autres emplois, mais tant qu'il trouvera à emprunter, son propriétaire n'y touchera pas.

Pendant que nous nous instruisons, l'auto roule toujours et juste devant nous, un point apparu à l'horizon grandit rapidement, d'abord humble tumulus, puis rocher au sommet plat, aux parois verticales, étrange, surnaturel, creusé de baies, ajouré de cavernes; plus près la forme se dessine mieux, le rocher est de main d'homme, les cavernes sont des arcades, c'est l'amphithéâtre d'El-Djem.

Il n'est pas de ruine romaine plus grandiose que ce splendide monument dont la route rectiligne semble être l'avenue.

Ses dimensions sont colossales, exactement celles de l'amphithéâtre de Vérone : 150 mètres de longueur, 123 de largeur. Le Colisée et Capoue sont seuls plus vastes, 187 mètres sur 155 et 169 sur 139. Les arènes de Nîmes sont sensiblement inférieures : le grand axe mesure 133 mètres, le petit 101. Je donne ces chiffres parce que seule la comparaison permet de se rendre compte de la taille de ces géants. Les trois rangs des arcades superposées d'El-Djem dépassent 35 mètres, les deux étages de Nîmes n'atteignent pas 22.

Ce qui met El-Djem hors de pair, ce n'est du reste ni son étendue, ni son état, Nîmes est bien autrement conservée, c'est sa situation incomparable.

Les autres arènes sont dans des villes, entourées de maisons, ou au centre d'une place, la vie moderne les environne, c'est un morceau d'antique dans une robe nouvelle ; ici quelle différence ! Dans cette lande sans bornes, où rien n'arrête le regard, El-Djem se dresse formidablement au-dessus des cabanes et des maisons d'un village indigène.

De loin, on le contemple tout entier ; de près on en suit les détails. Ce magnifique édifice était encore intact il y a deux cents ans. Depuis longtemps Thysdrus avait disparu ; les Vandales avaient passé, puis les Byzantins et lors de l'invasion arabe, Kahéna, l'héroïne berbère, y avait résisté pendant quatre ans, et malgré invasions, sièges, incendies, il avait gardé son triple rang d'arcades, ses galeries et ses gradins, quand, vers 1700, des tribus rebelles s'y fortifièrent. Le bey employa le canon contre cette citadelle et il y fit ouvrir une large brèche pour qu'à l'avenir elle ne pût servir de refuge à des révoltés.

Dès lors, l'amphithéâtre transformé en carrière servit de mine de salpêtre, ses gradins disparurent, le côté de l'ouest fut en grande partie détruit et d'immenses décombres recouvrirent l'arène.

Aujourd'hui la dévastation est arrêtée. Du

côté oriental, les trois étages subsistent avec leurs colonnes corinthiennes ; les voûtes du rez-de-chaussée ont également résisté et si ces galeries que rien ne défend sont remplies d'immondices, de fumier et servent de latrines aux habitants du village, leur délabrement, qu'heureusement aucune réparation « intelligente » n'a encore atténué, est cent fois plus grandiose et plus impressionnant que les pierres blanches du Colisée ou les bancs réservés dans les arènes de Nîmes à M. le Maire et à MM. les conseillers municipaux.

Du haut d'un minaret voisin, pygmée près du colosse, le monument apparaît plus majestueux encore.

Comment, de l'antique Thysdrus, seul nous est-il parvenu ? On ne le saura jamais. Thysdrus fut une ville importante. Gordien y fut proclamé empereur par les légions et en 1881 nos soldats déterrèrent ici un chapiteau corinthien de deux mètres quinze centimètres de diamètre ! Dans les environs on a découvert les vestiges de citernes, de temples, de thermes et un cirque de 550 mètres de longueur.

L'existence d'une ville dont les édifices étaient si considérables et dont l'amphithéâtre pouvait contenir vingt mille spectateurs serait inexplicable si les récits des premiers historiens arabes ne nous montraient couverte d'arbres et de blé cette plaine aujourd'hui si aride.

L'eau était tellement abondante à Thysdrus, qu'on distribuait aux maisons particulières le trop plein des fontaines publiques : « *Aqua* « *adducta coloniæ,* dit une inscription, *suffi-* « *ciens et per plateas lacubus impertita, domi-* « *bus etiam conditione concessa.* »

« Quand on veut aller de Kairouan soit à « Tebessa, soit à Gafsa, soit à Gabès, dit M. G. « Boissier, il faut se résigner à traverser de « grandes étendues de sables rougeâtres, où « rien ne pousse et qui sont presque inhabitées ; « ce pays est pourtant l'ancienne Byzacène « dont on vantait la richesse, et nous avons la « preuve manifeste que les éloges qu'on en fai- « sait étaient mérités. Au milieu de ces solitudes « se dressent les ruines de villes dont on peut « mesurer l'importance avec assez d'exactitude « par leurs monuments encore debout et leur « assiette encore visible.

« C'est d'abord Thysdrus dont l'amphithéâtre, « le cirque et le grand temple étaient colossaux « et qui a dû avoir plus de 100.000 habitants. « Suffetula en avait sans doute 20.000 à 25.000, « Cilium 12.000 à 15.000 et Thélepte, une des « grandes villes de la Tunisie ancienne, 50.000 « à 60.000. Outre ces centres, de gros bourgs « comptaient chacun plusieurs milliers d'habi- « tants et outre ces villes et ces bourgs, un grand « nombre de villages et de fermes isolées, « dont on rencontre les restes pour ainsi dire

« à chaque pas, couvraient la campagne. »

Aux agronomes à rechercher si cette prospérité a disparu à jamais.

El-Djem dépassée, le désert reprend ses droits, la route traverse la pointe d'une sebka et à la nuit tombante nous atteignons Sainte-Juliette, la plus septentrionale des plantations du Sahel sfaxien. Nous sommes à trente kilomètres de la ville : les olivettes, d'abord parsemées, se resserrent et forment de longues allées d'arbres symétriquement plantés à vingt-quatre mètres les uns des autres ; puis voilà des haies de cactus et enfin des murailles de terre que nous ne distinguons plus qu'à la lueur des lanternes de notre voiture. Au loin une étoile intermittente scintille dans la nuit, c'est le phare de Tina dont la portée lumineuse est de trente milles.

Enfin nous arrivons à Sfax : pas une panne ! Le « manitou » de L... continue à nous protéger.

Le lendemain il nous abandonnait ; cette dernière journée de février fut la plus maussade du voyage : un ciel triste, une pluie continuelle, un vent froid. Les Kairouanais pouvaient se réjouir, les prières de leurs imams avaient fléchi Allah, il pleuvait.

Aussi que dirai-je de la ville ? Avez-vous jamais vu une Parisienne à toilette légère, surprise l'été par un orage? La robe claire se colle aux jambes, le chapeau de paille s'affaisse, les fleurs se décolorent et la pauvrette prend les vagues airs d'un soldat de l'armée du salut. Ainsi des villes orientales sous la pluie. Oh! ces nuages épais et bas, quelle anomalie au pays de la lumière! La pluie de Hollande à Sfax, quel contre-sens!

Ces maisons bleues et blanches ruisselantes d'eau, ces toiles qui tout à l'heure simulaient des draperies effrangées, maintenant misérables loques dégoutantes de pluie, ces quartiers de bœuf saignants, ces têtes de moutons accrochées aux pointes de fer des étals qui laissent suinter des rigoles rougeâtres, ces hommes à vêtements blancs tachés de boue qui, chaussés de babouches jaunes, pataugent dans les ordures délayées, quelle tristesse, quelle laideur!

Sous les auvents les indigènes se pressent, immobiles, attendant l'éclaircie, le rayon de soleil qui ne vient pas, ou, le burnous relevé, mouchetant de taches noires leurs bas roses, descendent les rues à grandes enjambées au milieu des détritus emportés par les ruisseaux, sous l'éclaboussement des gouttières qui déversent l'eau des terrasses. Les ânes cheminent tête baissée, les chiens s'abritent aux angles des portes; seuls les chameaux, à la file indienne, balançant leurs longs cous, s'avancent impassibles vers le fondouk où le fumier détrempé exhale d'indescriptibles odeurs.

Comment alors s'intéresser à une porte mauresque, à une arcade jetée sur une rue, à un élégant moucharabyeh : il pleut !

Sfax est la seule ville qui en 1881 opposa à nos troupes une résistance sérieuse ; l'amiral Garnaut dut la bombarder, il fallut en faire sauter les portes et dans la lutte des rues nous perdîmes une cinquantaine d'hommes.

C'est que si Kairouan est une des villes sacrées de l'Islam Sfax a l'honneur de posséder un grand nombre de descendants du Prophète. Là seulement nous avons vu le turban vert qui leur est réservé. Cette origine est-elle bien authentique, j'en doute, et probablement beaucoup de porteurs de turbans verts seraient embarrassés de fournir leur généalogie.

Au surplus elle n'est pas impossible, car si, des femmes de Mahomet deux seulement lui donnèrent des enfants, elles lui en donnèrent neuf dont huit pour la seule Khadidja.

Quoi qu'il en soit, ces fils du Prophète comptaient sans doute sur la protection de leur aïeul pour les défendre contre les Roumis ; cette protection leur manqua et ne paraît pas du reste les accompagner tous, car nous avons vu le turban vert s'enrouler autour du front de simples portefaix, vêtus d'une modeste *gadroun*.

C'est une sorte de tunique avec capuchon en laine rousse, agrémentée de passementeries blanches, commune parmi le peuple. Elle ne descend guère plus bas que les genoux. La marche vive des Sfaxiens contraste singulièrement avec la lenteur solennelle des Kairouanais. Chose extraordinaire, ils semblent avoir quelque chose à faire et dans les rues se hâtent presque autant qu'un Européen. Ils gesticulent, parlent haut et vite ; sont-ce véritablement des Arabes malgré leurs turbans verts ?

Comme Kairouan, comme Sousse, Sfax (je parle de la ville indigène) est ceinte de murailles qui forment un rectangle de six cents mètres sur quatre cents.

Ces murailles crénelées, flanquées de tours carrées, de retraits, d'avancées sont hautes d'une quinzaine de mètres et on s'explique la confiance que les Sfaxiens avaient en leur solidité.

Elles donnent à la ville un aspect imposant.

Comme les autres cités tunisiennes Sfax renferme des souks animés et des rues pittoresques. La plupart des maisons ont plusieurs étages, et, quelques-unes, des portes mauresques aux arceaux enjolivés de faïences jaunes et bleues.

Guidés par le pharmacien dont nous avons fait la connaissance en auto, nous parcourons les rues, nous buvons le *kahoua,* nous regardons et flânons en dépit de la pluie. L..., bien entendu, achète des bijoux; nous visitons une maison arabe, la Driba (bureaux du Caïd), fort jolie avec ses colonnades, ses faïences et les arabesques de ses stucs; nous longeons les murs bas de la mosquée dont les colonnes antiques disparaissent sous le plâtre et la chaux et nous entrons enfin dans l'Ouzara, le tribunal indigène.

Nous tombons bien : la cause est amusante, et M. Z... nous met au courant. Quand un mari a répudié sa femme et qu'il a devant le cadi prononcé la formule consacrée : « Je te répudie « au troisième degré; tu n'es plus pour moi « qu'un être mort ou de la chair de porc », si plus tard il la regrette, le Koran (sourate 11-230) dit ceci : « Le mari ne pourra reprendre sa femme « que lorsqu'elle aura épousé un autre mari, et « lorsque celui-ci l'aura répudiée à son tour. » Condition ennuyeuse, on en conviendra. Aussi que fait le mari? Il cherche un ami complaisant qui épouse sa femme, la respecte, la répudie le lendemain, et le tour est joué. A défaut d'un ami disposé à remplir ce rôle un peu ridicule, il va trouver un *hulla* c'est-à-dire un homme qui, pour argent, sera un excellent mari « blanc », un continent professionnel.

Bou-Krardi s'est fié à un ami, et l'ami a pris son rôle au sérieux, très au sérieux : l'ami le nie, mais Bou-Krardi l'affirme. Une rixe a suivi l'explication, et Bou-Krardi a eu le dessous.

Voilà les deux hommes devant le tribunal; tous les deux parlent à la fois et le *chaouch* a peine à les calmer. Bou-Krardi, dont l'œil droit est abominablement « poché », fait de grands gestes et parle haut; l'ami met la main sur son cœur et proteste encore plus haut. Arrive un témoin : à peine a-t-il commencé à parler que les deux adversaires l'interrompent et lui montrent le poing. Tout le monde rit, le cadi lui-même. Qu'a-t-il dit?

M. Z... malheureusement, n'a pas entendu.

Enfin le cadi rend sa sentence. Tous deux paieront l'amende. L'ami sort, silencieux et raide; Bou-Krardi est furieux, il murmure des menaces. Pauvre Bou-Krardi! Le fait est que le pauvre diable n'a pas eu de chance; ce soir il se vengera sans doute sur sa femme.

Voici maintenant un débiteur récalcitrant.

Chez nous que de retards pour obtenir justice! Des mois et parfois des années se passent avant que les juges tranchent votre différend; il faut huissiers, avoués, avocats, paperasses et dossiers. Parlez-moi de la justice arabe : « Tu « me dois tant. — Non. — Si, viens au tribu- « nal. » Et le cadi décide séance tenante et le récalcitrant est emmené en prison jusqu'à ce qu'il paie ce qu'il doit.

Est-ce que cette justice ne vaut pas la nôtre? Le calife Omar en a depuis plus de mille ans fixé les règles dans une lettre célèbre et les conseils qu'il donne aux juges : « Ne cède pas « à des mouvements d'impatience et d'ennui, « ne traite pas les plaideurs avec dédain » pourraient être lus avec profit par beaucoup de nos magistrats.

On prétend que le juge arabe rend toujours sa sentence au profit de qui « l'honore » davantage. Notre cicérone soutient qu'on exagère beaucoup ; il a vu maintes fois de pauvres gens avoir raison contre de gros bonnets, ou, pour être plus exact, de gros turbans.

Il y a souvent des passe-droit, c'est incontestable. N'y en a-t-il pas chez nous et n'y en aura-t-il pas tant qu'on ne se décidera pas à adopter la justice idéale, celle de Bridoye qui sentenciait les procès au sort des dés ?

J'ai parlé de prison pour une dette déniée ; il faut bien moins encore pour l'encourir. Passé minuit, tout Arabe rencontré dehors est coffré et s'il est surpris à cette heure indue sortant d'un café, il en « coupera » de ses trois mois de prison ; un homme ivre ne s'en tirera pas à moins de six mois et celui que nous avons vu tout à l'heure escorté par la foule est sûr de son affaire.

Heureux si en attendant qu'il comparaisse devant le cadi ses parents viennent lui apporter à manger à travers les barreaux de la géôle, sans quoi, dût-il demeurer là plusieurs jours, il jeûnera, à moins que ses compagnons de prison ne partagent avec lui ce qu'ils recevront. La justice beylicale nourrit les condamnés, mais elle ne s'occupe pas des prévenus.

A combien de mois de prison le goût de D... pour les marteaux de porte aura-t-il fait condamner un pauvre diable ? Les marteaux des portes de Sfax, sans être artistiques, sont originaux avec leur forme de fer à cheval, (le fer à cheval porte bonheur). D... voulut en rapporter un ou deux, et chargea le pharmacien de lui en procurer; cela coûterait quelques sous.

En repassant à Sfax, nous apprîmes que l'indigène auquel M. Z... s'était adressé avait trouvé beaucoup plus simple de se les procurer gratis et il avait été empoigné au moment où il en descellait un.

Dans un café nous fîmes connaissance avec la *bouka,* eau-de-vie de figues anisée, liqueur favorite des Israélites.

Nous goûtâmes aussi au *lagmi* ou vin de palme. C'est la sève du palmier. On la recueille en tranchant le sommet de l'arbre. Cette décapitation est quelquefois mortelle, mais le plus souvent la tête repousse et de l'opération il ne reste au tronc qu'un étranglement à l'endroit où elle a eu lieu. Des palmiers subissent deux fois et même trois fois cette section capitale.

Un palmier fournit environ neuf litres de lagmi par jour et la récolte dure deux mois et demi, soit environ sept cents litres qui se vendent en moyenne quinze centimes le litre.

Le lagmi se boit sous trois états différents : doux, demi-doux, fermenté. Dans les deux premiers états c'est une boisson fadasse et sucrée; quant au lagmi fermenté, il pourrait facilement être confondu avec le vin blanc et il a sur celui-ci l'avantage de n'être pas interdit par le Koran.

Malgré le mauvais temps, j'ai conservé une excellente impression de Sfax. La ville est pourtant bien pauvre en monuments. Peut-on donner ce nom aux quelques mosquées et aux insignifiants minarets du haut desquels les muezzins glapissent leurs appels à Allah avec les sons rauques d'une porte cochère aux gonds mal graissés ? Mais les remparts donnent une illusion féodale étrange.

Du fondouk situé auprès de Bab-Dahraoui, cette illusion s'accentue encore et je ne sais pourquoi je dis illusion puisque c'est la réalité que l'on a devant les yeux. Rien ici n'a changé depuis mille ans, pas même l'homme, et c'est ainsi que Damas, Jérusalem, Damiette durent apparaître aux croisés de Godefroy de Bouillon et de Tancrède.

Je n'ai parlé que du Sfax indigène ; il serait injuste de ne pas dire un mot de la nouvelle ville qui est venue s'adosser aux murailles. Trois mille Européens l'habitent, mais ses rues tracées entre les palmiers, ses avenues projetées, ses voies futures, indiquées par des jalons, sont celles d'une cité de 30.000 âmes.

Le fondateur « a vu grand » ; l'hôpital, les postes, le théâtre surtout, copie amusante et libre du style mauresque, sont dignes d'une grande ville et les rues s'allongent entre des maisons modernes hautes de trois et quatre étages.

C'est que Sfax paraît promise à une prospérité exceptionnelle ; à la vente de l'huile fournie par les oliviers innombrables (trois millions dit-on) qui s'alignent dans sa banlieue, elle ajoute le transport des phosphates de Gafsa et la pêche des poulpes et des éponges sur les bas-fonds voisins. La pêche des éponges occupe deux mille individus, la moitié Siciliens et Maltais, et provoque un mouvement de un million 500.000 francs sur le marché de Sfax ; celle des poulpes y amène annuellement 30.000 kilogrammes de pieuvres desséchées qui sont expédiées en Autriche et surtout en Grèce.

Aussi le port de Sfax est-il moins désert que celui de Sousse. Ce port, creusé en 1897, était indispensable ; auparavant les plus humbles barques ne pouvaient s'approcher de la ville, tant la plage de sable est peu inclinée.

La marée, chose bizarre en Méditerranée, agit ici d'une manière sensible, et les deux mètres du flux et du reflux couvrent et découvrent de vastes espaces qui sont utilisés pour des pêcheries fixes en clayonnages ; on en compte environ douze cents, y compris celles des Kerkennah, îles sablonneuses situées à une vingtaine de kilomètres.

Depuis Tunis nous avions toujours, en nous dirigeant vers le sud, marché parallèlement à la mer ; nous allions maintenant nous enfoncer dans les terres vers l'Occident.

Il y a trente ans, la traversée des 205 kilomètres qui séparent Sfax de Gafsa était une expédition « pénible et dangereuse » ; je me sers des expressions des docteurs Rebatel et Tirant qui la firent en 1874, et qui, disent-ils, n'ont pu la réussir que parce qu'ils étaient accompagnés d'un sieur Mattéi, connu et estimé dans le pays. Lorsqu'ils rentrèrent à Sfax, ils furent « attendus et complimentés par toute la colonie « française ». La contrée était alors sans cesse parcourue par des tribus pillardes et les razzias étaient incessantes.

Tout a bien changé. De riches mines de phosphates ayant été découvertes dans les montagnes de Metlaoui au delà de Gafsa, elles ont été concédées à une compagnie à diverses conditions parmi lesquelles figurait l'obligation de construire un chemin de fer.

La compagnie s'exécuta rapidement puisque

la ligne fut terminée en dix-huit mois et aujourd'hui des wagons confortables vous transportent en neuf heures de Sfax à Gafsa.

Quand le soleil en se levant nous permit de distinguer autour de nous, car nous avions quitté Sfax à cinq heures du matin, nous venions de dépasser les dernières olivettes, nous étions à Maharès et abandonnant le rivage cotoyé jusque-là nous entrions dans un steppe aride, sans eau, ou avec de l'eau si chargée de magnésie et de chlorures qu'elle ne peut même servir à l'alimentation des locomotives.

Le seul produit tiré de ces régions désolées est l'alfa dont des tas énormes sont amoncelés auprès de rares stations.

De chaque côté de la voie, à une vingtaine de kilomètres, courent deux chaînes de montagnes jaunes aux contours rudes, au sud les Djebel Meloussi et Majorah et au nord le massif du Bou-Helma dont les sommets sont encore blanchis de la neige tombée hier. Pendant des lieues et des lieues, le train s'élève lentement dans cette lande monotone jusqu'à l'altitude de quatre cents mètres et atteint enfin la petite oasis de Leila dont les palmiers semblent l'avant-garde de ceux de Gafsa qui soulignent l'horizon.

Gafsa remonte à une haute antiquité. Salluste attribue sa fondation à l'Hercule Libyen. « *Erat* « *inter ingentes solitudines oppidum magnum*

« *atque valens, nomine Capsa, cujus conditor* « *Hercules Libys memorabatur* (1). »

Les solitudes sont restées ou plutôt sont revenues ; quant à la grande et puissante ville Marius l'a livrée aux flammes. Reconstruite sous Tibère, elle fut de nouveau ruinée par les Arabes. Aujourd'hui c'est une bourgade de cinq mille habitants, à l'extrémité de l'oasis la plus septentrionale de la Tunisie.

C'est la première oasis que voient mes compagnons; et qui ne serait frappé à la révélation de cette nature luxuriante, à l'aspect de cette végétation si différente de celle à laquelle nous sommes habitués ?

Autant la ville orientale diffère de nos cités, autant, et plus encore, la palmeraie diffère de nos forêts.

Au lieu de ces palmiers malingres, pâles, chétifs, qui à force de soins vivotent tant bien que mal sur notre côte d'azur, voici des arbres robustes, aux palmes d'un vert vif, au tronc solide, droit et rond comme la colonne d'un temple.

Sans le palmier, que deviendrait l'Arabe? Comme dans l'« animal roi » de Monselet tout est bon en lui, si tout ne se mange pas. Son tronc soutient les maisons, ses branches et ses

(1) Au milieu de vastes solitudes s'élevait une ville grande et puissante nommée Capsa, dont le fondateur était, dit-on, l'Hercule Libyen.

feuilles les couvrent, ses fibres se tissent pour les nattes, ses fruits nourrissent l'Arabe, sa sève lui donne le lagmi.

Et qu'il est beau quand, à vingt mètres de hauteur, il balance ses palmes au-dessus de la foule des autres arbres, ou quand, seul à côté de quelque koubba abandonnée, il profile hardiment dans le ciel bleu sa silhouette vigoureuse et son panache ondoyant !

Qu'il est harmonieux quand, au crépuscule, le vent choque ses feuilles rudes et de cette harpe éolienne tire des sons prolongés ! Qu'il est imposant, quand, sous le souffle de la bourrasque, toute la palmeraie se courbe et se redresse avec des mugissements de mer orageuse et de vagues déferlant sur les roches !

Ici il règne en maître sur un peuple d'énormes abricotiers, de figuiers, d'orangers, de pêchers, d'amandiers, de pruniers, de grenadiers. Tout cela est d'un vert adorablement tendre, les feuilles commencent à se développer, les bourgeons naissent, les blanches fleurs des pommiers se mêlent aux pétales roses des pêchers. Dans un mois les rosiers, les jasmins en fleurs s'enrouleront autour des troncs des dattiers, mais alors le feuillage sera trop touffu, trop dense et l'œil sera arrêté à quelques pas, tandis qu'aujourd'hui il pénètre au loin sous les berceaux et se repose sur le vert vif des graminées dont le tapis couvre le sol.

C'est ravissant.

Et que de jolies scènes ! Ces troupeaux de bœufs, ces chameaux qui, en longues files, viennent se désaltérer à l'oued large où, dans leurs cruches aux formes romaines, puisent les femmes voilées, tandis qu'à côté d'elles des Arabes remplissent les outres, ou lavent le linge en le frappant du pied à coups redoublés ! Ces ânes qui rentrent chargés des branches qu'a brisées la tempête d'hier, ces hommes qui marchent une pioche à la main, une fleur coquettement fixée derrière l'oreille gauche, et qui nous saluent gravement, ces enfants qui gambadent autour de nous, tandis que les fillettes s'enfuient et que les femmes se hâtent de ramener leur haïck devant leurs figures, tout cela sous les voûtes éternellement vertes et frémissantes qui se rejoignent au-dessus des allées étroites forme des tableaux sans cesse différents, sans cesse renouvelés et toujours enchanteurs.

Et que de coins délicieux dans cette oasis : le grand abreuvoir auprès de la route de la gare, la source au pied des murs de la Kasba, le petit marabout d'El-Hala ! Qui croirait qu'il y a cinquante ans cet oued si calme, si peu profond que les femmes le traversent sans mouiller leurs genoux, s'éleva de trois mètres tout à coup et envahit furieusement la palmeraie? Les Français ont rendu impossible un nouveau désastre, mais les parties dévastées, recouvertes par le sable, ont été abandonnées et elles forment encore de vastes taches lépreuses où la dent des chèvres éternise la stérilité.

Surtout, n'omettez pas de gravir la colline de Sidi-bou-Yahia; c'est l'affaire d'une demi-heure et de là vous embrasserez d'un coup d'œil l'oasis entière, verte sur le désert jaune. Entre les palmiers vous apercevrez les maisons blanches de Gafsa, la tour carrée de son minaret et la vieille forteresse byzantine de la Kasba; comme fond de tableau, vous aurez le pic rugueux du Djebel Orbata dont le sommet, haut de 1170 mètres, est piqué d'un point qui est un poste optique; au midi, votre vue se perdra dans l'immensité du steppe et vous redescendrez ravi de ce spectacle qui ne vous rappellera rien de déjà vu.

Quoique la ville n'ait pas les souks des cités du littoral et que trop d'enseignes européennes: « Café de la Régence », — « Petit Louvre » — « Restaurant international », peintes sur de misérables baraques ou de modestes maisonnettes déparent la grande place, elle mérite une visite, quand ce ne serait que pour les piscines romaines.

Bien que les parois en soient très dégradées, les bassins sont assez bien conservés pour être encore utilisés. Ils forment deux carrés de dix mètres de côté, et communiquent par un couloir voûté sur lequel passe une rue. Une des piscines est réservée aux hommes, l'autre aux femmes; celles-ci s'y rendent le soir et alors l'entrée est rigoureusement interdite.

L'eau a une chaleur naturelle de trente-deux degrés, aussi des enfants guettent-ils l'arrivée des touristes. *Gib sordi,* jette des sous; aussitôt ils plongent dans l'eau limpide et après quelques instants ils remontent agitant triomphalement la pièce jetée. Voulez-vous un poisson ? L'enfant ira en saisir un au fond de l'eau. J'ai vu tel de ces petits plongeurs rester trente secondes sous l'eau.

Comme les piscines, les colonnes de la mosquée sont d'origine romaine; quelques arcades restées debout au milieu d'une cour, çà et là de grosses pierres de taille et des piliers à demi engagés dans les murs des maisons sont tout ce qui reste de Capsa; les portiques de marbre que l'historien El-Bekri signalait encore au xve siècle ont entièrement disparu.

On nous avait beaucoup vanté les tapis et les burnous de Gafsa; les burnous sont ordinaires et les tapis sont de beaucoup inférieurs à ceux de Tunis et même à ceux de Kairouan; le prix, il est vrai, en est peu élevé, une trentaine de francs pour un tapis carré de 2 m. 50 de côté.

Une autre sorte de tapis est particulière à Gafsa, c'est le « tapis en poils de chameau, « très épais, très lourd, inusable, au poil long

« et très dur. Le dessin est rudimentaire, quel-
« ques lignes noirâtres sur le fond d'un gris
« jaune. Le poil n'est pas teint et les parties
« foncées sont choisies pour former le dessin.
« Ces tapis très simples sont extrêmement artis-
« tiques. » N'étant nullement de l'avis de M. G. Claretie, nous ne fîmes aucune emplète à Gafsa.

La Kasba est un édifice important; forteresse byzantine, elle tombait en ruines lors de l'occupation française. Le génie militaire la restaura, ou plutôt la rebâtit et il jugea à propos de planter au milieu de la tour principale un magnifique cadran, innovation très utile peut-être, abominable à coup sûr. Le nègre du boulevard Saint-Denis avec son cadran dans le ventre est une merveille de goût comparé à la tour de la Kasba de Gafsa.

Bien nettoyée, bien propre, retapée à neuf, la forteresse, en dépit de son horloge malencontreuse, a gardé fière tournure avec ses tours et ses murailles crénelées que domine un haut minaret, seul reste d'une mosquée arabe.

Cette citadelle, que le canon seul pourrait réduire, est à peine occupée par quelques soldats. Les soldats ne manquent pourtant pas à Gafsa, mais ils sont relégués dans des baraquements non loin de la Kasba : c'est une compagnie de discipline.

Nous aurions, grâce à nos recommandations, pu facilement pénétrer dans le camp; le spectacle toujours attristant de malheureux ne nous tenta pas.

Le lendemain, nous prenions le train pour Metlaoui, point terminus de la ligne.

S'il est un lieu désolé, c'est bien ce coin de désert sans eau, sans arbres, sans buissons, séparé de Gafsa par quarante kilomètres de steppe.

A une centaine de mètres de la gare, deux baraques de « vins liqueurs » émergent seules du sol. Partout c'est la plaine nue, jaune, immense, sauf au nord où court une barrière à peu près verticale de montagnes ternes d'un ton sale et ocreux.

C'est dans cette paroi que sont creusées les mines de phosphate de la Compagnie de Gafsa, et pour mes deux compagnons, l'un cultivateur, l'autre agronome, ces mines offraient un intérêt particulier ; aussi avions-nous pris soin de nous munir de lettres d'un administrateur et de M. de Robert, l'aimable agent général à Tunis, nous accréditant auprès de M. Bursault, l'ingénieur résidant à Metlaoui, dont M. G. Claretie, dans un livre paru l'an dernier, vante l'amabilité.

L'usine est bâtie dans un repli de terrain à quinze cents mètres environ de la gare ; les mines, « la grande Recette, la table à Lousif » sont à quatre ou cinq kilomètres plus loin.

Raconter comment, après avoir parcouru l'usine, l'aire de séchage, les fours, à la recherche de M. Bursault, et comment, l'ayant enfin rejoint, il nous fit un accueil à nous faire envier les chiens égarés dans un jeu de quilles serait sans intérêt. Sa réputation, si bien établie qu'elle fût, ne nous laissait pourtant pas supposer qu'il aurait si peu d'égard aux recommandations de ses supérieurs.

Bref, nous ne pûmes visiter les mines : « Si « vous croyez que je vais faire chauffer un « train pour vous ! Est-ce que je suis à vos « ordres ? Vous ne me connaissez pas ! »

Cette déconvenue qui n'en était pas une pour moi et dont mes compagnons prirent aisément leur parti, ne m'empêche pas de reconnaître que l'usine semble parfaitement conduite : propreté des bâtiments, vastes agencements, activité méthodique, discipline, tout révèle une vigoureuse direction.

Pour commander à trois mille ouvriers, et quels ouvriers ! de toutes nations et de toute sorte, il ne faut pas, j'en conviens, un mirliflor à gants jaunes ; il est regrettable seulement que le directeur déploie son énergie contre ses visiteurs.

Après une telle réception nous ne crûmes pas devoir accepter à l'usine l'hospitalité à laquelle nos lettres de recommandation nous donnaient droit et nous regagnâmes la gare de Metlaoui. Mieux valait risquer de passer la nuit en plein air.

Heureusement, dans un des « vins liqueurs » nous trouvâmes des lits qui, quelque modestes qu'ils fussent, nous débarrassèrent de toute inquiétude.

Nous rencontrons là un voyageur de commerce qui raconte sa mésaventure. Venu pour placer des marchandises à l'épicier il s'est hasardé jusqu'à l'usine et a été découvert par M. Bursault. Le malheureux, lui, n'avait pas de recommandations ; aussi « ce que j'ai été « reconduit dans les grands prix, disait-il ; il « voulait me faire sauter un talus de quatre « mètres pour me flanquer plus vite dehors. »

Décidément, il faut être fils d'académicien et « honoré d'une mission de M. le ministre des « Beaux-Arts » pour trouver grâce devant le personnage.

Dans la salle à boire, une vingtaine d'individus sont attablés : trois ou quatre Maltais plus bruns que des Arabes chantent une canzone italienne en choquant leurs verres ; à côté deux gendarmes parlent d'un crime commis auprès de Gafsa et dont ils cherchent l'auteur : « Tous bandits, tous menteurs, impossible d'en « rien tirer. » « Quand ils se tueraient tous « entre eux, le grand mal ! » ajoute l'autre. « J'ai « bien envie, répond le premier, d'en fourrer

« dedans une douzaine ; plus on en coffrera, « plus il y aura de chances de pincer le vrai. » Raisonnement juste et incontestable, ô Pandore !

Dans un coin, un groupe de nègres et d'Arabes boivent de l'absinthe. Ce sont des travailleurs des mines : l'un a le torse nu, les autres sont, non vêtus, mais couverts de guenilles ; ils ne disent rien, ils boivent, ils fument. Et je me rappelle le mot d'un de ces colons féroces qui rêvent la destruction de la race indigène : « Ce serait l'affaire de quelques milliers de litres d'absinthe. »

La fumée du tabac et du kif, l'odeur des alcools frelatés rendent l'atmosphère irrespirable : nous sortons. Quel magnifique coucher de soleil ! Ceux d'Égypte sont-ils plus beaux ?

Comme aux bords du Nil une nappe d'or lumineuse s'étale sur la moitié du ciel, puis se nuance de rose, de lilas, et peu à peu, pâlissante, disparaît à l'Occident ; les étoiles naissent par milliers et superbe, la lune, toute ronde, remplace les feux de pourpre qui viennent de s'éteindre par sa lumière d'argent, si claire dans cet air sec et pur qu'elle semble tomber d'un soleil pâle.

Des chiens hurlent je ne sais où, là-bas, tout là-bas, aux portes des tanières que des ouvriers nègres se sont creusées dans la montagne et sur le steppe plat nous voyons approcher des silhouettes d'ânes et d'hommes : ce sont nos montures et nos guides pour demain.

Ils arrivent de Tozeur, d'où le très aimable M. Dumas a bien voulu nous les envoyer. Celui-là n'est pas ingénieur des mines ; c'est le contrôleur civil de Tozeur, une sorte de préfet du Djérid et sa réputation est aussi bien établie que celle de M. Bursault, mais en sens absolument opposé. Si notre domination est acceptée de cœur par les indigènes, c'est à des hommes comme M. Dumas que la France en sera redevable.

CHAPITRE III

LE DJÉRID.

Tozeur — Neftah — El-Oudiane.

Le 3 mars c'était sous un ciel sans nuages qu'à sept heures nous montions sur nos mulets ; outre les trois qui nous portaient, un quatrième était réservé aux bagages et aux provisions et chacun des deux guides l'enfourchait tour à tour, tandis que l'autre cheminait à pied.

Les selles étaient remplacées par de larges *berdâ,* sortes de bâts rembourrés de fibres de palmiers sur lesquels nous étendîmes nos couvertures ; une courroie dont les extrémités étaient garnies d'étriers et une mauvaise corde attachée à un mors libre complétaient le harnachement.

De Metlaoui à Tozeur il n'y a qu'une piste, c'est-à-dire un passage suivi par les caravanes et jalonné de poteaux télégraphiques ; cependant cette piste a été récemment améliorée et est à peu près praticable aux voitures légères.

Nous avions même beaucoup hésité si nous n'en louerions pas une : cinquante-cinq kilomètres, sans ombre, sous le soleil, m'effrayaient quelque peu et l'hôtelier de Gafsa nous présageait toutes sortes de calamités si nous ne prenions pas son *araba*. D... nous décida à opter pour les mulets et combien en route, nous nous applaudîmes de ne pas être cahotés sur les creux et les bosses de la piste et de respirer largement en plein air !

La contrée est horriblement triste. Il n'en fut pas toujours ainsi car dès nos premiers pas nous traversons les vestiges d'une ville romaine dont le nom même est ignoré et qui s'étendent informes sur un vaste espace.

Comment, de quoi pouvaient vivre les habitants ? Faut-il admettre que l'oued Seldja n'était pas alors ce ravin absolument desséché, un « ued » comme dit le calembour connu, et que le pays n'avait pas cette stérilité désolante ? Plusieurs faits tendraient à le faire croire, et pourtant cette plaine aride, tantôt argileuse, tantôt sablonneuse et nue, hérissée seulement de touffes sèches de *retem*, parsemée de squelettes d'animaux où pendent parfois encore des lambeaux de chair putréfiée, a-t-elle jamais pu être cultivée et ces montagnes qui courent de l'est à l'ouest à l'horizon ont-elles jamais pu encadrer autre chose que le désert !

Après quatre heures de marche monotone qu'animent à peine quelques mots échangés et les *harré-barra!* incessants de nos guides, nous atteignons les bords de l'oued Baiech qui descend de l'oasis de Gafsa; celle-ci l'a absorbé en grande partie et l'oued n'est plus qu'un ruisseau encaissé entre des talus sablonneux où croissent quelques buissons de tamaris et de nopals.

Nous voudrions nous installer là pour déjeuner, mais le vent est devenu trop violent ; il nous faut chercher un abri dans le bordj Gouifla, la seule « hôtellerie » qui soit sur notre route.

C'est une enceinte de briques crues haute d'environ trois mètres ; elle renferme deux pièces, chambres ou écuries à volonté, où sur le sol jonché de fumier peuvent s'asseoir et dormir hommes et animaux.

Nos mulets s'emparent de l'une, nous de l'autre; nous ouvrons les boîtes de conserves, nous débouchons les bouteilles et nous déjeunons dans l'« hôtel des cent mille puces »; c'est l'enseigne qu'un touriste a écrite sur le mur.

Nous ne vîmes et ne sentîmes aucune des cent mille hôtesses annoncées, non plus que les vipères cornues, ces serpents à piqûre mortelle qui, à en croire M. Baraban, pullulaient dans le bordj lorsqu'il s'y arrêta en avril 1885.

Nous déjeunâmes donc gaiement, tandis que dans la cour nos guides mangeaient quelques dattes ; nous y ajoutâmes les reliefs de notre festin, auquel, non sans hésitation, ils se décidèrent à goûter lorsque nous leur assurâmes que le thon n'avait rien de commun avec le porc.

Quand nous sortîmes de notre « salle à manger » le ciel si pur le matin s'était plombé d'une teinte sale et grise qui ne présageait rien de bon ; le vent subitement tourné au sud augmentait de violence, mais il fallut laisser reposer les mulets, puis ce fut une caravane qui défila près de nous, ensuite D... qui ne rêvait qu'outardes et gazelles voulut étrenner le fusil loué à Tunis, il se mit en chasse et parvint à tuer une pie-grièche grise et deux alouettes ; enfin L..., descendu pour photographier, laissa échapper son mulet que les guides ne parvinrent à reprendre qu'après une longue poursuite. Tout cela nous retarda et le ciel prenait une teinte livide de plus en plus inquiétante ; le djebel Droumès tout proche maintenant, était devenu invisible.

Tout à coup une bourrasque nous fouette le sable dans la figure, la pluie cingle et malgré coups et « barré-barra » énergiques, nos mulets refusent d'avancer, nos guides ne rient plus. Heureusement le tourbillon dure peu ; un quart d'heure plus tard la pluie cesse, et le ciel, sans perdre complètement son aspect grisâtre n'a plus cette couleur de plomb caractéristique de la tempête.

Nous en sommes quittes pour la peur ; si la bourrasque avait duré comment aurions-nous gagné un refuge ?

La plaine se prolonge toujours devant nous, mais sur notre gauche nous dépassons le djebel Droumès, ces montagnes que nous apercevions depuis Metlaoui et qui côtoient le chott Djérid ; nous approchons donc de notre but et en effet voici des palmiers ; c'est El-Hamma.

Blottie dans un repli de terrain au fond duquel jaillit une source considérable, l'oasis d'El-Hamma était autrefois beaucoup plus vaste ; l'envahissement des sables l'a réduite et aurait fini par l'anéantir si les Français n'étaient survenus à temps pour la sauver.

Des talus de terre plantés de tamaris, surmontés de palissades en branches de palmiers, ont arrêté le sable dont l'amoncellement a formé des digues naturelles ; des plantations ont maintenu les pentes croûlantes et l'ensablement a été vaincu beaucoup plus sûrement que par les prières seules à Allah que les Arabes avaient su jusque-là lui opposer.

Ce n'est pas sans peine qu'ils se sont décidés à agir. A M. Baraban, chargé de diriger les travaux, ils montraient le ciel en disant : « Le sable vient de là-haut par la « volonté d'Allah, rien ne peut l'arrêter. »

Allah, aujourd'hui, a changé d'idée et, je suppose, les indigènes aussi.

Cette oasis est charmante ; de nombreuses tourterelles à demi privées volent sous les palmes et s'approchent de nous ; D... toujours réduit à sa pie-grièche et à ses deux alouettes saisit cette occasion d'augmenter ses prouesses et une malheureuse tourterelle complète sa chasse.

Nous faisons halte quelques instants pour prendre un « kaoua » en compagnie du « gardien des plantations », et après un coup d'œil jeté sur la rivière où s'abreuvent nos mulets, coin ravissant, nous disons adieu à l'oasis.

Il faut nous hâter, le jour baisse et nous avons encore neuf kilomètres à franchir, neuf kilomètres de sable sans un brin d'herbe, sans même la touffe de diss ou de lentisques qui jaunit dans les steppes que nous venons de traverser.

Enfin, voici une *koubba* en briques devant laquelle sont assis cinq ou six Arabes et, presque aussitôt, tout près, l'oasis, cachée jusque-là par un pli de terrain, apparaît.

Tozeur est la plus importante des quatre oasis du Djérid : d'après les chiffres officiels, ses palmiers sont au nombre de 417.500, dont la moitié environ sont productifs ; Neftah en compte 386.700, El-Oudiane 213.000 et El-Hamma 73.500.

L'oasis de Tozeur a 1500 hectares de superficie, non compris 539 hectares employés à la défense contre l'ensablement. Cinq villages y sont dispersés ; le plus important de beaucoup est Le Souk, connu généralement sous le nom de Tozeur.

C'est une véritable ville de 9.000 habitants ; elle était jadis bien plus considérable et s'il faut ajouter foi aux récits des historiens arabes et aux traditions locales, elle aurait au XIVe siècle compté 100.000 habitants.

J'ai peine à le croire ; à moins que le sable n'ait englouti d'immenses étendues alors fertiles, l'oasis n'a jamais pu nourrir une telle population.

Quoi qu'il en soit, le Djérid sous les Romains était beaucoup plus peuplé qu'aujourd'hui.

De longues guerres avec les voisins, les razzias fréquentes des nomades du désert, les conquêtes éphémères des beys de Tunis suivies de révoltes et de répressions sanglantes ont peu à peu amené une décadence qui était complète en 1881.

A ce moment, Tozeur s'était depuis trois ans libérée du joug tunisien, mais dévastée par les Touaregs qui chaque année envahissaient l'oasis pour y piller récoltes et fruits, elle était à peu près abandonnée et la culture était délaissée par les habitants découragés. Elle accueillit nos troupes sans aucune résistance et depuis lors la « paix française » avec la sécurité absolue lui a rendu une partie de son ancienne prospérité.

Le Djéridien a tôt compris les avantages qu'il pouvait retirer de notre civilisation.

Pourtant, à ses débuts, le télégraphe eut à subir certaines attaques et les fils furent souvent coupés et volés; mais dès que la communication était interrompue des spahis partaient de Gafsa et de Tozeur et ne tardaient pas à rencontrer les coupables. Naturellement ceux-ci niaient et prenaient à témoin Allah et tous les saints de son paradis. Alors l'officier amenait les délinquants au pied d'un poteau : « Écoute, « leur disait-il, et je vais te traduire ce que me « dit le génie : il dit que c'est un Arabe avec une « cicatrice au front et un nègre avec un doigt « de moins à la main gauche. N'as-tu pas, toi « une cicatrice et toi un doigt de moins? Nierez-vous encore? » et épouvantés, entendant la voix mystérieuse qui parlait dans le poteau, les voleurs avouaient.

Aujourd'hui, l'indigène emploie fréquemment le télégraphe, et même le téléphone qui relie les quatre oasis. Le buraliste nous assure que du 1er avril au 31 décembre dernier le mouvement des fonds s'est élevé à la poste de Tozeur à 1.400.000 francs; rien que la valeur des mandats émis quotidiennement est en moyenne de 1.500 francs. L'Arabe, en effet, est-ce un atavisme provenant des jours où les pistes étaient peu sûres ? n'aime pas à avoir d'argent sur lui en voyage et s'adresse à lui-même un mandat au lieu où il veut aller, preuve concluante de sa confiance dans la poste française.

Tozeur ne ressemble à aucune des villes que nous connaissons : les maisons en briques tellement séchées par le soleil qu'elles semblent cuites au four, sont appareillées « en dessins « réguliers dus à la disposition de ces briques « qui se détachent les unes des autres par une « légère saillie. Les combinaisons des dessins « sont simples et rappellent les ornementations « géométriques des nattes d'alfa qu'on tresse « dans toute la Tunisie. Le parti général de la « décoration consiste à figurer comme un im- « mense tapis étendu sur les murs. » (Cagnat et Saladin). Ce but est atteint par les positions horizontales, verticales, obliques ou de champ données aux briques ; il est singulier que seuls les Djéridiens aient employé ce mode artistique de constructions.

Les maisons de Tozeur sont immenses et souvent hautes de deux étages ; quelques-unes décorées de faïences intéressantes et d'inscriptions coraniques semblent les ruines d'anciens palais. Ruines est le mot exact ; ce n'est partout que murs croûlants ou tombés, décombres, amas d'ordures et saleté : on croirait être au lendemain d'un terrible bombardement. L'Arabe ne répare pas : tant qu'il a un coin de toit pour s'abriter, un pan de muraille le long duquel il peut se coucher, il attend. Il ne bouche même pas le trou qui, chaque jour élargi, finit par emporter le toit ; quand tout s'est effondré, il se décide à reconstruire, soit sur les décombres, soit à côté.

Les rues en général sont resserrées entre des murs de sept à huit mètres de hauteur dont aucune ouverture n'égaie la tristesse grisâtre, et les gouttières en branches de palmiers, qui en cas de pluie déversent l'eau des terrasses, s'allongent au-dessus de vos têtes comme des poutrelles d'échafaudage oubliées dans les murailles.

Les mosquées sont tristes et sévères malgré les tuiles vernissées de leurs coupoles, et leurs minarets massifs et carrés n'ont pas un seul ornement. L'un d'eux est penché, mais le problème souvent posé pour le campanile de Pise ne saurait l'être ici. Évidemment cette inclinaison n'est pas voulue ; un beau jour, la tour se couchera sur les terrasses voisines, et les fidèles Tozeuriens se consoleront avec un *Allah ackbar !* ou un *mektoub.*

La vie de Tozeur est concentrée sur la place ; les Français y ont édifié une fontaine où boivent les animaux et où les femmes viennent puiser l'eau dans des amphores aux formes antiques ; une petite pyramide a été élevée en l'honneur de M. Canova, contrôleur civil mort il y a peu d'années à Neftah, victime de son dévouement pendant une épidémie de choléra.

C'est là que se réunissent les indigènes pour leurs transactions et assis par terre derrière les tas de blé, de fèves, ils attendent patiemment les amateurs. Beaucoup ont les yeux rouges et malades et les aveugles sont nombreux : on dit en Égypte que sur quatre fellahs, un est aveugle, l'autre borgne et que le troisième a les yeux chassieux. La proportion n'est pas si déplorable dans le Djérid, cependant les ophtalmies y sont extrêmement fréquentes ; le sable est une des causes, mais combien plus encore le turban, cette coiffure qui laisse les yeux exposés au soleil, la malpropreté et surtout la résignation fataliste !

Sur la place est le « Cercle français », nom bien ambitieux pour la salle d'épicier marchand de vins où se réunit la vingtaine de Français qui habitent la ville ; là aussi se trouve le contrôle, ancien Dar-el-Bey, résidence du bey quand il venait à Tozeur ce qui, je pense, était assez rare, les relations des habitants avec lui étant le plus souvent tendues. Un drapeau tricolore, au sommet d'un mât, rappelle aux indigènes que les temps sont changés. Cet ancien palais est vaste mais n'a rien de remarquable ;

nous y sommes accueillis par M. Dumas avec cordialité, il nous invite à dîner et la table est dressée au coin du feu.

La soirée en effet est fraîche, bien que le soleil ait été chaud dans la journée et le feu est agréable, sinon de saison. A cette époque, d'ordinaire, la température est déjà élevée, mais l'hiver a été mauvais et froid dans toute la Tunisie; à Gafsa, l'hôtelier nous disait qu'il n'avait pas depuis bien des années vu le sommet des montagnes couvert de neige en mars ; à Tozeur la quantité d'eau qui tombe l'hiver (l'été est absolument sec) et qui est habituellement d'une douzaine de centimètres, a été doublée, et hier encore une averse est tombée sur l'oasis.

Cette oasis est célèbre ; c'est à elle ou à ses voisines du Djérid qu'on applique la lettre où Pline fait la description d'une colonie africaine. Là, dit-il, sous le palmier croît l'olivier, sous l'olivier le figuier, sous le figuier la vigne, et sous la vigne le blé ou les légumes. Le voyageur romain exagère quelque peu, mais aujourd'hui encore on pourrait en bien des endroits trouver trois ou quatre cultures superposées.

Rien du reste ne ressemble plus à une oasis qu'une autre oasis ; à peine quelques différences d'irrigation les distinguent-elles. A Gafsa les jardins sont divisés en carrés séparés par des digues étroites et basses et sont irrigués par des dérivations de l'oued et par l'eau des piscines ; à Tozeur l'eau est fournie par environ cent cinquante sources qui proviennent de la même nappe souterraine. L'eau a une température de vingt à trente degrés et les irrigations sont réglées « au moyen de barrages « formés d'un tronc de palmier placé horizon- « talement et sur lequel sont pratiquées des « encoches d'une largeur proportionnelle au « nombre de parts d'eau auxquelles a droit tel « ou tel propriétaire. L'oukil préposé au service « ferme à volonté ces encoches au moyen de « petites levées de terre ; le temps est mesuré « au gadou, sorte de sablier à eau (Baraban). »

Le droit à l'eau est acquis avec le sol. Cette distribution d'eau a lieu tous les quatre jours à Tozeur, tous les cinq jours à Neftah.

Les jardins de Tozeur sont ordinairement assez grands, ce qui est peu surprenant quand on sait que l'oasis appartient à peine à trois cents propriétaires. Les terres sont cultivées par des *khammès*, métayers qui ont droit seulement au cinquième du produit.

Celui-ci varie beaucoup : un palmier *deglat* peut rapporter une trentaine de francs, mais les deglats, ou dattiers de première qualité, sont peu nombreux ; les dattiers ordinaires rapportent en moyenne quinze ou vingt francs. A ces produits il faut ajouter les oranges, toutes consommées sur place, les légumes et l'orge qui sert de fourrage, mais il faut en déduire le *kanoun*, impôt établi sur les palmiers et qui est lourd puisqu'il monte annuellement pour les quatre oasis à 450.000 francs.

Aussi les khammès sont, dit-on, dans une misère profonde. Il est fort difficile de s'en apercevoir dans une simple excursion ; ces hommes que nous croisons jambes nues et vêtus d'une tunique courte ne sont pas plus loqueteux que nombre de leurs compatriotes qui dorment ou rêvent le long des maisons ou au seuil des cafés. Où commence la misère arabe ? Qu'est-ce que la misère pour ces gens qui couchent n'importe où, sur la terre, vivent de quelques dattes et ne s'en portent pas plus mal ?

Dans l'oasis sont dispersés plusieurs villages, amas de huttes formées de troncs de palmiers serrés les uns contre les autres et liés par de la terre. En passant près d'une de ces huttes, nous entendons des voix enfantines, c'est une école, une *mécid* : le maître est accroupi au milieu du cercle de ses élèves et ceux-ci, balançant la tête, ânonnent interminablement les versets du Koran. Nous verrons encore beaucoup de ces écoles et partout ce sera la même chose : Le Koran, toujours le Koran, rien que le Koran. C'est à faire ajouter foi à la parole prêtée à Omar, le prétendu destructeur de la bibliothèque d'Alexandrie.

Au milieu d'une clairière s'élève une tour

carrée en briques qui repose sur trois assises superposées en pierres de taille dont l'appareil révèle l'origine romaine. Trois rangs de pierres, voilà, avec quelques débris épars et deux ou trois fragments de colonnes, tout ce qui survit de l'antique Thusuros.

Auprès d'un des villages, un énorme jujubier (*nebgâ*) couvre un immense espace ; beaucoup de ses branches ponctuées de petites pommes jaunes traînent à terre ; nous mesurons cent quinze mètres de circonférence. Aucun arbre des oasis n'est à beaucoup près aussi colossal, aussi la légende s'est emparée de lui et l'indigène qui nous guide nous assure gravement que ses racines plongent jusqu'à Kebilli, de l'autre côté du chott, à quatre-vingts kilomètres.

Le soir, en rentrant à Tozeur, nous avons le pittoresque spectacle d'une noce arabe ou plus précisément des réjouissances qui l'accompagnent.

Les assistants forment un demi-cercle dans lequel tour à tour pénètrent des jeunes gens armés de fusils anciens, sortes de tromblons à larges gueules; ils arrivent en sautant, piétinant et tenant leur arme horizontalement, puis parvenus à l'autre bout devant les parents des époux, ils font un bond et lâchent leur coup de fusil n'importe où, n'importe comment. Plus l'explosion est forte, plus la joie des assistants est grande, aussi les acteurs chargent-ils autant que possible le canon de leurs tromblons, et peu rassurés, nous avons soin de nous tenir à l'écart.

Des époux nous voyons le mari, grand garçon d'une vingtaine d'années, à la barbe naissante; quant à la femme, elle nous est restée aussi inconnue qu'elle l'est encore à son mari.

Un peu plus loin, autre divertissement : une douzaine de nègres promènent un bouc enguirlandé de feuillages en chantant et en frappant à coups redoublés sur des tambours de basque et des timbales, charivari qui semble ravir les bambins qui les suivent en troupe. Les musiciens paraissent s'amuser autant que les gamins; en nous voyant, ils se mettent à sauter, à danser, sans cesser de crier et de frapper sur leurs instruments et il faut la promesse de quelques « sordi » pour les décider à rester à peu près tranquilles devant nos objectifs.

L'aubaine est précieuse pour ces pauvres gens; le métier de baladin ne doit guère être fructueux ici, et il paraît que nous avons rencontré la troupe du théâtre de Tozeur.

Le lendemain de grand matin, nous partions pour Neftah. La piste sablonneuse longe à quelques centaines de mètres, les rives du chott Djérid. Le mot rives est-il exact? Quoique les chotts sur nos cartes soient indiqués par la teinte azurée réservée aux lacs, on chercherait en vain, sauf quelquefois après les pluies d'hiver, de l'eau dans cette immense plaine absolument nue, couverte d'efflorescences salines, et qui à vingt ou trente centimètres de profondeur, cache sous sa croûte solide une vase sablonneuse dans laquelle chameaux et hommes disparaîtraient sans chance possible de salut. Une seule route ou plutôt une seule piste permet de traverser le chott Djérid qui, entre El-Oudiane et Debabcha, points de départ et d'arrivée, a cinquante kilomètres de largeur. Malheur à l'imprudent qui quitterait la piste, il serait englouti.

Ces chotts, plus ou moins salins, plus ou moins vaseux, se prolongent sous différents noms sur 350 kilomètres depuis le seuil de Gabès jusqu'en Algérie au sud de Biskra, séparés les uns des autres par des isthmes dont le principal est celui qui d'El-Hamma à Tozeur forme une barrière entre le chott El-Rahrsa et le chott Djérid.

Il y a une vingtaine d'années le commandant Roudaire, supposant que jadis ces chotts communiquaient à la Méditerranée et formaient une mer intérieure, hypothèse que rendaient vraisemblable la légende du lac Triton et le niveau des chotts algériens inférieur de vingt-cinq à trente mètres à celui de la Méditerranée, avait conçu le projet de rétablir les communications disparues.

De la « mer saharienne » ainsi créée il espérait un changement radical dans le climat desséchant du sud tunisien. Tozeur, Neftah, seraient devenues des ports de mer, capitales de contrées revivifiées par des pluies bienfaisantes.

Ce projet, combattu vivement par nombre de colons qui craignaient la « création d'un « immense bourbier père de fièvres et destruc- « teur des palmeraies djéridiennes », fut soutenu par M. de Lesseps ; une somme de 25.000 francs fut accordée par le ministre de la guerre au commandant Roudaire pour ses études, et des sondages furent commencés. Ils démontrèrent que le seuil d'El-Hamma établissait une différence de trente-cinq mètres de niveau entre le chott El-Rahrsa et le chott Djérid : si le premier est à vingt mètres au-dessous de la Méditerranée, le second est à quinze mètres au-dessus ; c'était l'abandon forcé du projet.

Si la mer saharienne n'a pas existé (du moins aux temps historiques), il est à peu près certain qu'à une époque relativement peu éloignée de nous les quatre oasis djéridiennes formaient une seule palmeraie qui peut-être se prolongeait jusqu'à Gabès, et non loin de Neftah, en plein désert aujourd'hui, nous rencontrons des pans de murailles, ruines informes de la cité romaine de Zafrana. Au moyen âge il y avait un peu plus loin, sur les bords du chott, une ville nommée Agar-Senepte : elle a disparu complètement sous les dunes.

Les empiétements du sable montrent assez comment le désert a peu à peu, devant l'inertie arabe, disjoint les oasis et comment il aurait fini par les absorber si l'activité européenne n'était venue lui opposer une sérieuse résistance.

Rien qu'à Neftah 425 hectares ont été aménagés en lignes de défense, et le sable, loin d'avancer, recule ; chaque année les plantations gagnent du terrain et si les forages artésiens tentés vainement jusqu'aujourd'hui donnaient enfin un résultat, peut-être dans un siècle ou deux l'ancienne palmeraie serait-elle rétablie.

L'oasis de Neftah présente un aspect particulier. Ce n'est pas, comme à Gafsa, un oued puissant qui la fertilise, ni comme à Tozeur des sources fournies par une nappe souterraine ; ici deux profonds ravins coupent l'oasis et se rejoignent au pied d'un promontoire sur lequel la ville est construite. Des pentes abruptes de ces ravins sourdent une quantité de ruisseaux qui se réunissent en un seul au fond d'un entonnoir profond de soixante-dix à quatre-vingts mètres appelé la Corbeille.

Il n'est donc pas surprenant que Neftah offre mille points de vue pittoresques. La Corbeille est bien nommée, immense corbeille de verdure dont les bords sont festonnés par les mosquées et les koubbas de la ville. Le coup d'œil est ravissant. M. Greg, à la fois restaurateur et fonctionnaire, (un des rares Français de Neftah où résident une dizaine d'Européens), chez lequel nous avons déjeuné, nous sert de guide et, à cheval, précède nos mulets.

Il nous fait faire le tour de l'oasis le long des digues élevées contre les sables.

Cette promenade nous donne une idée de l'étendue de l'oasis et nous montre comment au moyen d'un barrage et d'un élévateur nouvellement installés est réglée la distribution des eaux ; elle nous amène au bord du chott : devant nous à perte de vue c'est une plaine blanche, toute plate, éblouissante sous le soleil, semblable à un interminable champ de neige. Vingt pas encore, nous serions engloutis et nous reculons instinctivement devant ce gouffre traître.

Il y a une cinquantaine d'années, là devant nous, des Touaregs poursuivis par les Tozeuriens se sont hasardés sur cette plaine menteuse et ils ont disparu jusqu'au dernier, chameaux et hommes ; pas un n'a échappé.

La fraîcheur de la matinée a fait place à une chaleur lourde ; nous descendons de nos mulets, et nous entrons dans la palmeraie.

Là, pas de chemins ombreux comme à Tozeur,

se croisant dans tous les sens, les rares sentiers aboutissent à des jardins ou à des ruisseaux et souvent il faut traverser ces petits oueds sur des ponts primitifs, parfois simples troncs de palmiers.

Mes compagnons s'en sont donné à cœur joie de me voir franchir l'un d'eux à quatre pattes ; j'aimais certes mieux leur fournir ce spectacle amusant que celui, peut-être encore plus récréatif pour eux mais beaucoup moins pour moi, d'une dégringolade dans le ruisseau.

D... quelques instants après, nous en donna un moins gai. Pour en enlever la boue il essuya un de ses souliers contre une de ces frêles haies en branches de palmiers qui séparent les jardins et il s'enfonça dans le pied une de ces épines qui, longues de dix à vingt centimètres, sont dures et aiguës comme un poinçon d'acier. Par bonheur, après quelques efforts douloureux pour le patient, l'épine put être retirée.

Comment, sur des arbres hérissés de telles aiguilles, les indigènes aux pieds nus peuvent-ils grimper ? C'est incompréhensible, car aux épines s'ajoute le dur tranchant des feuilles coupées qui leur servent d'échelons.

La récolte des dattes est finie, c'est l'époque de la fécondation du palmier qui, comme on sait, est uni-sexuel ; pour la faciliter, les indigènes introduisent le pollen dans le régime du palmier femelle et l'y retiennent avec une ligature; or pour cela il faut atteindre le sommet de l'arbre.

Dans un des sites les plus charmants de l'oasis, le marabout de Sidi Bou-Ali arrondit sa koubba blanche sous un dais de magnifiques palmiers.

Bou-Ali fut un saint qui, en sa qualité de saint, avait vécu grassement sans rien faire; lui mort, le droit à cette vie facile revenait à ses enfants. N'en avait-il pas ? Toujours est-il qu'aujourd'hui c'est un neveu de son cuisinier qui remplit son rôle, a hérité de sa sainteté et jouit de ses revenus.

Je plaisante les marabouts : j'ai tort, je devrais être plus reconnaissant, car c'est un marabout, un mokkadem, c'est-à-dire un chef religieux, qui le premier, nous donna l'hospitalité arabe.

Pendant que nous déjeunions chez M. Greg survint le *khalifat* (maire), Sidi Embarek-el-Khazem, fort bel homme qui nous convia à dîner. Cette invitation à des inconnus paraît bizarre, mais le devoir de l'Arabe est de pratiquer l'hospitalité; ici il n'a guère l'occasion de le faire car les oasis du Djérid sont, malgré leur beauté, peu fréquentées : l'an dernier une soixantaine de voyageurs sont venus à Tozeur, une douzaine seulement, la plupart officiers, ont poussé jusqu'à Neftah.

Nous allons accepter quand M. Greg, qui a

servi d'interprète, nous affirme que le mokkadem des Kadria, Sidi Mohammed-ben-Ibrahim-el-Kébir nous invitera certainement et que le khalifat s'effacera devant lui. M. Dumas nous a recommandé d'aller voir ce mokkadem, et a eu l'obligeance de lui télégraphier notre visite. Nous sommes attendus. Contrairement à notre intention qui était de revenir le soir même à Tozeur, nous nous décidons alors à rester, curieux de connaître la cuisine et les lits arabes. Nous remercions donc le khalifat, et nous allons rendre visite au mokkadem.

C'est un homme d'une soixantaine d'années, à moustaches et barbiche blanches, le teint brun, l'air doux, le sourire agréable et bienveillant ; il est vêtu d'une robe de soie blanche sous un burnous immaculé.

Il nous reçoit de la manière la plus affable, et comme on nous l'avait annoncé, il nous invite à dîner et à passer la nuit dans sa *zaouia*. M. Greg heureusement est là car le mokkadem ne parle pas français, et nous ne savons pas dix mots d'arabe. « M. Dumas « était mon grand ami, il le sera maintenant « plus encore, puisqu'il vous a envoyés dans « ma zaouia. A quelle heure voulez-vous « dîner? — C'est à vous à nous le dire. — Du « tout ; vous êtes les maîtres ici. Voulez-vous « une chambre ou deux ? — Comme il vous « sera le plus aisé. — Tout m'est aisé pour vous

« remercier de m'avoir honoré de votre visite. »

Je ne sais ce que le marabout pense en son for intérieur ; évidemment lui, chef religieux musulman, il ne peut être flatté de nous recevoir nous, des mécréants, des infidèles qui buvons du vin et mangeons du porc ; quoi qu'il en soit ni ses paroles ni son attitude ne révèlent ses sentiments intimes.

C'est du reste un ami de la France ; un de ses frères a été tué dans nos rangs à l'assaut d'In-Salah ; un autre a — et l'affaire a fait grand bruit il y a trois ans, — retrouvé et arrêté les assassins vrais ou faux du marquis de Morès ; ses propres sentiments gallophiles sont connus dans le Djérid et lui ont même un peu nui auprès de ses coreligionnaires.

Ces sentiments ne s'expliquent guère, car la France n'a pas été douce pour lui ; dernièrement ses biens qui, comme ceux du clergé autrefois chez nous, étaient à cause de son rang religieux exempts d'impôts, y ont été soumis et on lui a réclamé l'arriéré depuis la conquête, une dizaine de mille francs. Bien plus, lors d'une tournée faite par M. Millet, alors résident à Tunis, celui-ci, poussé par le caïd, ennemi personnel de Mohammed-ben-Ibrahim, aurait répondu à ses protestations de dévouement qu'il ferait mieux de payer son *kanoun* (impôt du palmier) que de se mêler de politique.

Ce mokkadem ainsi rabroué est pourtant un homme qui pourrait soulever des tribus entières, et M. Claretie prétend que, recommandé par lui, on pourrait traverser impunément le Sahara.

C'est le grand chef des Kadria qui sont répandus dans toute l'Afrique et forment un des trois plus puissants ordres religieux du sud. Les deux autres sont les Rahmania et les Tabaia.

Aussi pour acquitter ses impôts a-t-il entrepris une « tournée pastorale » chez ses fidèles : il a parcouru la centaine de « zaouias » tunisiennes et algériennes qui sont sous sa direction et il en a rapporté une somme considérable.

Tout n'a pas été employé à satisfaire le fisc, car le mokkadem vit sur un pied assez large ; il a trois voitures, coupé, victoria et cabriolet, dont il ne doit guère pouvoir se servir au milieu de ces sables. Il voudrait même avoir une automobile depuis que, l'an dernier, une auto a pour la première fois, véritable tour de force, fait son apparition à Neftah.

Ce fut un événement inouï. A l'approche de la bête monstrueuse les habitants s'enfuirent, puis quand elle se fut arrêtée sur la place et qu'eurent pris fin les formidables rugissements de ses teuf-teuf, ils s'avancèrent et s'enhardirent jusqu'à la toucher, cherchant où pouvaient se cacher les chevaux mystérieux ; il est de fait que, n'ayant jamais peut-être entendu parler de chemins de fer, voir tout à coup rouler une auto est chose surnaturelle. Le plus intrépide des grognards de la vieille garde eût peut-être tremblé en en rencontrant tout à coup une sur son chemin.

Que ferait le marabout d'une automobile? Je me le demande. Une autre de ses ambitions, c'est d'avoir la croix; celle-là, pourquoi ne pas la satisfaire? Ce serait si facile.

Tel était l'homme qui nous offrait l'hospitalité.

Le dîner, arrosé de vins que notre hôte avait pour nous commandés à M. Greg, car, fidèle musulman, il ne buvait que de l'eau, se composa de potage, de *mechoui* (mouton rôti), du *couscoussou* national et de quelques autres plats tous fortement pimentés ; nous en aurions eu un plus grand nombre si dans l'après-midi n'était survenu à l'improviste le cadi de Sfax avec trois ou quatre personnages.

Le repas avait donc été dédoublé ; le cadi et ses compagnons dînaient dans une salle et nous dans une autre, mais le maître de maison avait tenu à faire honneur aux étrangers et il présidait notre table. Les murs de la salle où nous mangions étaient blanchis à la chaux et complètement nus; comme nous nous étonnions de cette austérité peu en rapport avec la situation du mokkadem, M. Greg nous en donna la raison. L'année dernière, des armes étaient suspendues aux murs et un hôte ayant admiré un yatagan : « Il est à vous », avait dit le marabout avec l'exagération orientale. Le quidam avait feint de prendre l'offre au sérieux, il avait remercié et avait gardé le yatagan. Pour éviter une nouvelle mésaventure Sidi Mohammed avait fait porter les autres objets dans les appartements fermés, loin d'hôtes aussi indiscrets.

Ceux-ci sont parfois peu reconnaissants et M. Greg nous cite un médecin parisien qui, après cinq jours passés chez le mokkadem, ne lui avait même pas envoyé les photographies promises.

Anomalie singulière chez un prêtre musulman, Sidi Mohammed désire en effet avoir son portrait ; nous avons eu le plaisir à notre retour de lui montrer que tous les Français n'étaient pas oublieux et de lui envoyer sa photographie le représentant debout dans sa cour et s'offrant complaisamment à l'objectif.

En aura-t-il fait un couvercle de cafetière? Peut-être, car D... lui ayant donné le soir quelques photographies françaises, nous les retrouvions le lendemain matin sur nos tasses, empêchant le kaoua de se refroidir. Pourtant, le mokkadem semble attacher du prix à la moindre marque de souvenir et après dîner, il nous montra avec joie les nombreuses cartes de visite que lui avaient laissées ses « amis de France ».

Cette exhibition terminée, nous gagnâmes notre chambre dont l'ameublement était des plus sommaires : trois lits de fer, quatre chaises et une cuvette.

Nous dormîmes très bien ; les matelas étaient bons, et la journée avait été assez fatigante.

Deux fois cependant nous fûmes réveillés, la première fois par un étudiant qui implorait Allah ; il était trois heures du matin, c'était un peu tôt.

C'est que le marabout habite une *zaouia* c'est-à-dire une école religieuse.

Ses disciples vivent dans la zaouia, et la nuit, enveloppés dans leurs burnous, couchent dans la cour.

Ils se lèvent de temps à autre pour célébrer les louanges du Très-Haut, et s'en privent d'autant moins lorsque des Roumis dorment auprès d'eux ; un secrétaire du Contrôle, furieux, leur a une nuit jeté le contenu d'un pot d'eau. Je ne sais si le moyen fut bon ; nous n'eûmes heureusement pas à y recourir, M. Greg ayant averti les élèves que Sidi Mohammed leur ordonnait de ne pas troubler notre sommeil par leurs litanies.

Une heure plus tard, ce fut le muezzin qui à son tour invoqua Allah, mais à celui-là il n'y avait rien à dire, il accomplissait un rite obligatoire.

Le lendemain, un excellent kaoua bu, nous primes congé de notre aimable hôte après lui avoir fait promettre de ne pas manquer de nous rendre visite s'il venait un jour à Paris, ce qui est avec l'automobile et la croix un de ses désirs, des trois le plus facile et le moins coûteux à satisfaire.

Notre retour à Tozeur fut l'occasion d'une petite scène amusante : le prix des mulets avait été fixé à trois francs par jour, tarif ordinaire, et L... trésorier de la société, avait remis à notre guide la somme nécessaire.

Cependant le propriétaire d'un des mulets nous aborda pour nous réclamer encore un franc. Ahmed, notre guide, essayait de le renvoyer : « Ne lui donnez rien, il a assez. » Nous voulûmes savoir et de l'explication, facilitée par un ou deux indigènes parlant français, il résulta qu'Ahmed avait prélevé sur chaque mulet une « petite commission » d'un franc.

Indignation du vertueux L... qui, Ahmed niant, veut l'emmener au Contrôle, aveu du coupable et finalement restitution des trois francs qui manquent par le « voleur » comme disaient les Arabes enchantés de la mine déconfite du pauvre Ahmed. L... ne comprend rien au commerce. Plus tard, en Kabylie, même scène se renouvellera et L..., de nouveau indigné, s'efforcera de faire entrer des principes de saine morale dans le cerveau d'un guide, d'un guide arabe !

La journée du lundi 7 mars fut une des meilleures du voyage : nous la consacrâmes à l'oasis d'El-Oudiane.

Dès Tozeur elle souligne l'horizon et après une douzaine de kilomètres sur une bonne route on atteint les premiers palmiers.

El-Oudiane est formée d'une longue et étroite palmeraie resserrée entre le chott et le djebel Droumès. C'est de cette barrière rocheuse que s'échappent les quarante-cinq sources qui alimentent l'oasis et qui coulent d'abord dans des fissures tortueuses et profondes. Un peu plus loin, le terrain s'abaissant, les sources se trouvent au niveau du sol et se répandent dans l'oasis. Ici pas d'oued formé, comme à Neftah, de la réunion de plusieurs ruisseaux, chaque source coule indépendante et arrose une partie distincte ; aussi l'oasis d'El-Oudiane est-elle plutôt un chapelet d'oasis.

Il y en a cinq principales : Deguèche et Kriz sont les plus importantes.

Deguèche est la première en arrivant de Tozeur ; les rues escarpées du village, coupées de ruisseaux où les femmes aux fronts tatoués de croix bleues, les mains rougies de henné, viennent puiser l'eau dans les amphores, sa place coupée par un ruisseau ombragé, lui donnent un aspect tout particulier.

Notre visite a été signalée par M. Dumas, aussi le khalifat s'empresse de nous inviter à déjeuner ; mais nous avons emporté des provisions pour déjeuner en plein air ; « qu'il « soit fait comme nous le désirons, nous trou- « verons notre table mise dans les jardins de « Mohammed-ben-Tahar, les plus beaux du « pays. »

Ce khalifat parle français, il a vécu à Tunis ; au moment où nous entrons, un notaire lui lit un contrat arabe, et je ne sais qu'admirer davantage de la volubilité de l'officier ministériel ou de l'intelligence du khalifat qui peut comprendre un tel flux de paroles. L'acte cependant tient sur une seule feuille de papier et je reste stupéfait de ce que peut contenir une page d'écriture arabe. Molière exagérait à peine dans la fameuse scène du *Bourgeois gentilhomme*.

Le khalifat nous donne un guide ; fier d'une telle mission celui-ci nous précède et à coups de baguette force les indigènes à se lever sur notre passage. Vite, nous mettons fin à la manœuvre ; nous ne tenons pas à tant de déférence obligatoire. A Neftah nous avons refusé le spahi que M. Dumas avait chargé de nous accompagner, et si nous n'avons pas voulu de l'imposant manteau bleu à côté de nous, nous voulons encore moins que l'outrecuidance d'un domestique éloigne de nous les indigènes ; nous ne sommes pas, grâce à Dieu ! des personnages officiels.

S'il fallait choisir entre les oasis djéridiennes, je donnerais la préférence à celle d'El-Oudiane : les jardins y sont entretenus avec un soin extraordinaire et quels jardins ! Sur les abricotiers, sur les pêchers, sur les figuiers, sur les ricins déjà touffus, partout des fleurs, des bourgeons, des feuilles. Partout sous les palmes les nuances les plus délicates, le jaune pâle, le blanc crémeux, le rose le plus adorable ; partout des parfums. C'est l'épanouissement du printemps méridional, l'exubérante joie du renouveau : les bourgeons des vignes percent les tiges et voici que sur les rosiers pointent les boutons.

Dans le jardin de Mohammed-ben-Tahar la table promise est dressée sous de superbes orangers dont les fruits pendent sur nos têtes. « Je les ai réservés pour vous », nous dit Sidi Mohammed qui survient en ce moment, et il va lui-même cueillir les plus belles oranges dont il nous envoie une pleine corbeille. De son côté le khalifat nous a fourni vin, dattes et olives. A tout nous faisons honneur ; les oranges surtout sont délicieuses, d'une saveur exquise.

Quelle différence avec les fruits acides vendus sur nos boulevards parisiens !

Combien en avons-nous mangé ? Allah le sait et cependant il en reste encore un tas sur notre table. « Elles sont à vous, dit Mohammed-« ben-Tahar ; emportez-les, ce serait me faire « injure que de les laisser ici. » Nous ne voulûmes pas faire injure à cet affable et rare proprio.

C'est un homme d'une quarantaine d'années, à la figure très brune coupée par une moustache aussi noire que ses beaux yeux cerclés de longs cils. Lui aussi il a reçu sa photographie, son portrait en robe et burnous blancs mouchetés des taches lumineuses qu'y jetaient les rayons du soleil à travers le feuillage des oliviers et des orangers. « Le colonel Marchand, « nous disait-il, n'avait jamais vu de plus beau « jardin » et je suis tenté de croire que l'éloge n'était pas une banale politesse.

Pourquoi nous sommes-nous contentés d'aller jusqu'à Zaouiet-el-Arab sans pousser jusqu'à Kriz ? Parce que le temps avait marché pendant que nous flânions dans Deguèche et son oasis. Kriz pourtant, outre quelques ruines romaines de l'ancienne Thiges, nous aurait montré l'attache de la seule piste qui traverse le chott Djérid et peut-être cette piste méritait-elle mieux que de nous apparaître de loin, ligne grise à travers l'immense étendue blanche, comme nous l'aperçûmes du haut du minaret de Zaouiet-el-Arab ?

Ce minaret domine toute l'oasis. Le vert des palmiers en nombre d'endroits se mélange au gris de l'olivier. El-Oudiane compte en effet vingt-six mille oliviers tandis qu'ils sont rares à Tozeur et à Neftah. Çà et là, et ce ne sont pas les points les moins jolis, nous rencontrons des huileries sur le bord des ruisseaux ; nous entrons dans l'une d'elles.

Dans la demi-obscurité, nous apercevons deux ombres qui tournent autour du pressoir. Ce sont des femmes, ces bêtes de somme des pays musulmans. Elles marchent de front, d'un pas égal, pieds nus et poussent l'énorme barre de bois qui met en mouvement la meule pesante. Muettes, elles passent et repassent devant nous, haletantes, courbées, tandis que devant la porte leur seigneur et maître, mari ou frère, assis tranquillement, équarrit une branche de palmier. La galanterie n'est décidément pas mahométane.

Quel splendide coucher de soleil ce soir-là ! Quelle illumination féerique quand Phoibos Apollon disparut dans son lit étincelant ! Quel merveilleux scintillement d'étoiles !

Au-dessus, très haut sur l'horizon, Sirius resplendissait, tandis que sur nos têtes Orion semblait un char de feu et qu'à l'horizon montaient ces étoiles nouvelles dont parle le poète.

Les silhouettes fines des palmiers se détachaient nettement sur le couchant doré, toutes noires.

De tous côtés, du fond des cours et du haut des terrasses, les chiens aboyaient à la lune, et des formes blanches allongées le long des murs révélaient des dormeurs enveloppés de burnous.

Puis soudain, un chant rauque mais puissamment modulé sembla tomber du ciel. « *Allah hua dbkar! aschadu la illa il Allah,* « *aschadu ana sidna Mohammed rasul Allah!* » « — Dieu est grand. Rien n'est aussi grand que « Dieu. Mohammed est le prophète de Dieu. » Et dans l'ombre, les formes blanches se levaient et retombaient face contre terre, puis se redressaient et bras levés, paumes ouvertes, se tournaient vers l'Orient, vers la cité sainte « *Allah il Allah!* » « Dieu est Dieu! »

C'était grand, c'était religieux, c'était beau.

Le lendemain nous quittions Tozeur; nous y avions été fort bien, seuls au seul hôtel tenu par une brave femme qui, chose incroyable, depuis dix ans à Tozeur, connait à peine quelques mots d'arabe. L'hôtel est modeste, une maison indigène en briques appareillées, et seulement deux pièces au rez-de-chaussée, mais dans ces pièces des lits excellents.

Quant aux repas, nous allions les chercher dans un restaurant où prenait pension le quateur du maître d'école, du percepteur, et des deux employés français du Contrôle.

Rien n'est donc plus facile que de vivre à Tozeur et cependant rares y sont les touristes. Ceux-ci ne dépassent guère Kairouan et Sousse ; quelques-uns, à cause d'El-Djem, poussent jusqu'à Sfax, les plus hardis atteignent Gabès, bien peu s'avancent jusqu'au Djérid.

Il a pourtant certes de quoi tenter et j'avais peu de regret de ne pas voir Gabès. Quelque belle que soit son oasis, elle ne peut égaler celles du Djérid ; le contact européen en a forcément retiré la plus grande part de poésie, tandis que le Djérid a jusqu'ici, — sera-ce pour longtemps encore ? — échappé à toute infiltration.

Aussi était-ce avec regret que nous quittions ce pays enchanteur, si différent de tous ceux que nous connaissions, où la vie, à l'apparence du moins, est si douce, si facile, où les habitants sont si bienveillants, si inoffensifs qu'on peut la nuit sans aucun danger parcourir les rues ou aller rêver dans les allées de l'oasis et que jamais l'idée ne nous est venue de nous munir des revolvers restés au fond de nos valises.

De Tozeur à Tunis aucun incident ne marqua notre retour ; journée terriblement chaude pour gagner Metlaoui, halte d'une demi-heure dans le lit desséché de l'oued Seldja où nous fîmes honneur aux oranges de Mohammed-ben-Tahar ; nuit à Gafsa, matinée passée à flâner en ville et dans l'oasis, deuxième nuit à Sfax, automobile jusqu'à Sousse, chemin de fer jusqu'à Tunis, c'était en sens contraire le chemin parcouru en venant.

Certes, un autre itinéraire nous tentait : Kasserine, Tébessa, Thala, Sbeitla et enfin Dougga par le Kef, mais c'était une longue et fatigante excursion de 450 kilomètres à mulets, dans des contrées montagneuses et des plaines désertes. Elle aurait demandé trois semaines et nous y avions renoncé malgré l'attrait des ruines romaines éparses sur tout le chemin.

Nous étions donc revenus à Tunis et là D..., sous un prétexte quelconque, renonçait à ses projets d'aller fusiller les flamants dans leur sommeil sur le lac. Son enthousiasme cynégétique s'était refroidi, et il se disait peut-être que si tant d'outardes, de gazelles, de mouflons espérés et vus en rêve, se réduisaient à deux alouettes, à une pie-grièche et à un pigeon, ses seules victimes, les flamants de Tunis se changeraient sans doute en grenouilles ou lézards d'eau.

Le lendemain, après une journée employée à parcourir Tunis et à retourner au Belvédère, nous accompagnâmes jusqu'à bord de l'*Eugène-Péreire* D... à qui « les affaires » ne permettaient pas une plus longue absence et en disant adieu à notre compagnon nous lui souhaitâmes le bon voyage que la mer calme et l'air sans souffle présageaient.

CHAPITRE IV

DE TUNIS A CONSTANTINE.

Teboursouk — Douggâ — Hammam Meskoutine.

Réduits à deux, qu'allions-nous faire? Irions-nous à Zaghouan? C'est de là que les Carthaginois tiraient l'eau qui alimentait la capitale, et diverses ruines, la nymphée notamment, ont résisté aux invasions successives. Mais franchir les 62 kilomètres qui séparent Zaghouan de Tunis n'est pas commode par suite de la rareté des trains. Nous avions bien de France apporté nos vélos et nous venions de les retrouver à l'hôtel de Paris où nous les avions déposés en débarquant, mais soit en chemin de fer, soit à vélo, cette modeste excursion nous aurait pris deux journées.

Nous y renonçâmes donc (ce fut un tort, et que de fois l'ai-je regretté !) et nous nous contentâmes d'aller à une trentaine de kilomètres voir l'aqueduc antique.

Descendus de chemin de fer à Tebourba, où un beau pont appuyé sur des substructions romaines traverse la large Medjerda, nous revînmes à Tunis à vélo.

Toute cette contrée, fertilisée par la Medjerda et par les ruisseaux qui s'y jettent, est très bien cultivée ; c'est le centre de la colonisation européenne dont on voit partout les fermes éparses dans la campagne.

Les céréales alternent avec les vignes, et le pays a un air de prospérité et de richesse qui charme les yeux : telle devait être toute la Byzacène aux temps romains.

L'aqueduc traverse la route non loin de Djedeïda, mais ce n'est pas le fameux aqueduc que dans Salammbô Spendius coupe d'une manière si dramatique ; celui-là, s'il a jamais existé, a disparu comme toute la Carthage phénicienne. Celui que nous voyons remonte à l'empereur Adrien. C'est une succession de hautes et étroites arcades qui ne font guère honneur au peuple-roi. Formées d'une sorte de conglomérat lié par du ciment que maintenaient des solives aujourd'hui détruites et des ferrures depuis longtemps arrachées, elles ont peu à peu été entamées par la pluie. A la base, le centre bâti en pierres inégales a seul résisté et montre lamentablement son squelette jaunâtre.

Cette misérable construction écroulée en certains endroits a cependant grand air de loin et rappelle d'une manière frappante les aqueducs qui traversent la campagne romaine.

Revenus à Tunis nous disions un dernier adieu à la belle et grande ville, et prenant le chemin de fer de Constantine nous arrivions pour dîner au coquet hôtel des Colons à Medjez-el-Bab. Medjez, à 66 kilomètres de Tunis, est une station de 1200 habitants appelée à devenir une ville quand la ligne ferrée du Kef sera ouverte.

En attendant, c'est une gaie bourgade plus qu'à demi-européenne, ombragée de peupliers, de bouleaux et d'eucalyptus qui se mirent dans la Medjerda, le seul cours d'eau de la Tunisie qui mérite le nom de fleuve, l'ancien Bagradas des Romains.

Les rives en sont envahies par des roseaux où croassent les grenouilles, mais on y chercherait en vain les descendants de l'effroyable serpent qui effraya les soldats de Régulus. L'*Africa portentosa*, l'Afrique mère des monstres n'en engendre plus, du moins en Tunisie, et la Medjerda coule paisiblement ses ondes peu limpides entre des coteaux verdoyants que ne peuplent ni lions, ni boas.

Si nous nous étions arrêtés à Medjez-el-Bab, ce n'était pas pour ses souvenirs antiques ; il ne reste rien de la romaine Membressa, pas même la « Bab », la porte qui donna son nom au village; c'est que là s'embranche la route de

Teboursouk et qu'à défaut des ruines de Tébessa et de Sbeitla nous voulions au moins voir celles de Douggà.

Il y a quarante-huit kilomètres de Medjez-el-Bab à Teboursouk, aussi dès six heures du matin le dimanche 13 mars enfourchions-nous nos bécanes.

Le chemin est bon; il longe la Medjerda et après une vingtaine de kilomètres nous apercevions sur un promontoire qu'enveloppe à demi le fleuve Testour et le haut minaret de sa mosquée.

Testour a été, dit-on, peuplée par les Maures chassés d'Espagne au commencement du XVIe siècle, Chateaubriand affirme l'authenticité de cette tradition et le Dr Bertholon a trouvé à Testour des types absolument andalous.

Ici nous faisons une halte, nous l'avons bien gagnée ; il fait très chaud bien que le ciel soit couvert et qu'un vent violent nous souffle au visage : le café est bu dans un caboulot italien et nous visitons la ville. Oh ! la visite est tôt terminée : une large rue bordée de maisons basses, très commerçante, très vivante et la mosquée.

Le fils du khalifat nous guide. Il parle français ; j'en profite pour lui demander s'il est vrai que ses compatriotes ont conservé les clefs des maisons que leurs pères habitaient à Grenade, il sourit et ne répond pas. J'insiste : « Je ne comprends pás » finit-il par dire. Comme évidemment il comprend fort bien j'ai peur de l'avoir froissé et, cessant mes questions, je le suis dans la mosquée.

Nous ne pénétrons pas dans le liouan interdit aux infidèles mais nous entrons dans la cour pavée de larges dalles et entourée d'un portique dont les colonnes proviennent sans nul doute de l'antique Tichilla.

Le minaret, qui de si loin domine la plaine, a été nouvellement restauré. Il est svelte, élégant, revêtu de faïences peintes aux vives couleurs et ést surmonté de deux dés octogones : c'est un des plus beaux de la Tunisie.

Du sommet, la vue plane sur la ville, domine la Medjerda sinueuse et s'étend à l'est sur un pays mamelonné, parsemé d'olivettes et verdi de champs d'orge et de fèves, tandis qu'à l'occident les collines s'étagent jusqu'à former à l'horizon une chaîne de montagnes.

C'est dans ce massif que s'engage, en montant toujours, la route de Teboursouk, et nous atteignons bientôt la brousse montagneuse pendant qu'à notre droite la contrée prend un aspect sauvage et se hérisse de monts aux sommets déchiquetés et pointus.

Il faut nous arrêter ; nous sommes à Aïn-Tounga. Une forteresse byzantine à demi écroulée, un minuscule arc de triomphe, des lambeaux de murailles, quelques piliers d'un temple de Mercure, c'est tout ce qui reste de l'ancienne Thignica et c'est peu car Thignica fut une cité importante au IIIᵉ siècle. Bientôt il n'en restera même plus rien, car à côté de grosses colonnes couchées sur le sol nous voyons des scies de tailleurs de pierres et déjà plusieurs fûts sont « débités » en morceaux symétriques. Les ouvriers sont absents, mais les entailles toutes fraîches prouvent qu'ils étaient là hier, peut-être tout à l'heure, et ils auront vite eu raison de ces pauvres débris. Combien de ruines disparaissent encore ainsi ! Celles-ci sont peu à regretter aujourd'hui, mais qui sait ce qu'elles étaient il y a vingt ans ?

Après que nous avons lutté contre les rampes et le vent, descendu une profonde vallée et franchi l'oued Khalled, Teboursouk nous apparaît au sommet d'une éminence couverte d'oliviers, terre promise où nous conduit enfin une dernière et longue rampe de huit kilomètres.

Je suis épuisé, fourbu, incapable même d'abord de prendre part au déjeuner qu'on nous sert à l'hôtel International ; mon jeune compagnon lui-même est fatigué.

Une douche, une demi-heure de repos, la lassitude disparaît, l'appétit revient et, sitôt la dernière bouchée, nous montons à mulet ;

nous partons pour Douggâ, seuls, sans guides ; ne sommes-nous pas au pays du fatalisme ? Dieu nous conduira : c'est là-bas, à droite.

De Teboursouk que dire ? Je l'ai si peu vue et toutes ces villes se ressemblent tant ! des murs blancs, des maisons basses, des indigènes assis ou couchés, des femmes voilées, partout c'est le même peuple, c'est la même ville.

Douggâ est à sept kilomètres de Teboursouk et nous commençons à nous demander si nous ne nous sommes pas trompés de direction quand nous nous apercevons que nos mulets marchent sur des pierres et des briques brisées. La terre disparaît sous ces fragments, et des fondations de murs raient le sol. Un détour du sentier nous amène brusquement à des maisons arabes alignées en face d'une colonnade romaine, c'est Douggâ, c'est la scène du théâtre.

Le théâtre de Douggâ rappelle étrangement celui de Taormine en Sicile et je ne sais lequel des deux est le mieux conservé ; si à Douggâ le mur de la scène est écroulé, celui de l'orchestre est intact avec ses hémicycles et les piédestaux qui supportaient les statues. Les fouilles dirigées par M. Carton ont mis à nu vingt-cinq rangées de gradins divisés en trois précinctions, les couloirs d'accès à la scène, les loges des artistes, les autels des dieux qui présidaient aux spectacles, les colonnades du portique. Comme à Orange, les acteurs peuvent venir aujourd'hui reprendre la suite des représentations interrompues il y a quinze cents ans.

Le théâtre de Taormine est grec, celui de Douggâ est romain ; sans doute, ils doivent différer par quelques détails connus des archéologues, le simple touriste les confond dans une même admiration. Si du portique de leur théâtre les citoyens de Thugga ne jouissaient pas comme ceux de Taormine de l'incomparable décor de la mer bleue et des côtes siciliennes dominées par l'Etna neigeux et fumant, celui qu'ils avaient sous les yeux n'était pas à dédaigner. Étagée à leurs pieds, la ville descendait jusqu'à la rivière ; en face d'eux un aqueduc, dont les arches subsistent encore en partie, franchissait la vallée, et sur une colline rivale, l'Acropole aux murs formidables se détachait sur un fond de hauteurs vertes ou rocheuses ; enfin à droite, tout près, des avenues bordées de statues montaient vers le temple majestueux de Jupiter, de Minerve et de Junon.

Ce temple est le Capitole, car, municipe romain, Thugga avait son capitole. Il était, comme je viens de le dire, dédié à la triade capitoline. C'est, pour me servir des termes barbares chers aux archéologues, un monument « tétrastyle et pseudo-périptère ».

Il est heureusement parvenu jusqu'à nous, non hélas ! entier ; la *cella* à l'exception de la porte a disparu, les colonnes latérales aussi, mais sur le soubassement auquel on accède par un haut perron, la façade dresse encore les quatre belles colonnes cannelées de son péristyle. Leurs chapiteaux corinthiens soutiennent le fronton, et s'il est dépouillé de ses marbres, l'aigle romaine y déploie encore ses ailes mutilées.

Au milieu des masures du village arabe on trouve à demi enfouis les nombreux degrés des escaliers qui précédaient le temple.

Ces masures sont elles-mêmes tirées des monuments antiques, les murs de la plupart au lieu d'être en briques crues ou en torchis, sont en pierres, et dans un grand nombre on découvre des fragments de colonnes, des débris de chapiteaux et même des lambeaux d'inscriptions.

Les fouilles, si elles étaient continuées, seraient sans nul doute fécondes en surprises, car la ville romaine se révèle partout : des arcs de triomphe se dressent au milieu des oliviers ; l'un d'eux bien conservé porte le nom de Bab-el-Roumia (Porte de la Chrétienne). Si, du *temple de la Déesse Céleste*, il ne reste que le soubassement où les colonnes ont laissé l'empreinte circulaire de leurs fûts, celui de Saturne en a encore quelques-unes debout et on distingue parfaitement les dimensions et la forme de l'édifice. Il renfermait trois *cellæ* séparées par des murs épais et, disposition très rare qui, d'après M. Toutain, serait la preuve d'une haute antiquité, une cour intérieure.

Un peu plus bas, des citernes béent sur la pente de la colline; la ville ensevelie est à fleur de terre, il suffirait de gratter le sol pour la remettre au jour.

Encore faudrait-il que les travaux ne fussent pas confiés à des Anglais. Il y avait à Dougga un mausolée qui remontait à l'époque carthaginoise, c'était le seul monument punique connu, et son authenticité était constatée par une inscription écrite en libyen et en carthaginois. En 1842, le consul anglais voulut envoyer cette inscription au British Museum et pour enlever plus facilement la pierre les ouvriers démolirent le monument.

Il n'en reste que le piédestal. Des bas-reliefs représentant des chars de guerre et des déesses, et des fragments de statues jonchent le sol alentour : à une des statues, une femme drapée, il ne manque que la tête. Cet édifice serait facile à reconstituer; les matériaux sont là et le dessin du mausolée existe, pris par un Anglais peu de temps avant sa destruction. C'était un pilier carré dans le genre de celui d'Igel auprès de Trèves; comme celui-ci, il était revêtu de bas-reliefs encadrés de pilastres et était surmonté d'un pyramidion.

Fera-t-on jamais cette reconstitution ? C'est peu probable puisque, faute des 20.000 francs nécessaires à sa consolidation, on va laisser tomber le temple du Capitole.

Franchement n'aurait-il pas mieux valu consacrer à ce travail les 20.000 francs dépensés l'an dernier pour faire tuer à un de nos ministres les trois mouflons sur lesquels il s'est fait représenter dans l'*Illustration* posant un pied vainqueur ?

A errer dans le village et dans les olivettes à la recherche des ruines, à admirer le Capitole, à prendre des photographies, les heures avaient passé et la nuit approchait.

Mes appels à mon compagnon n'avaient pour écho que les aboiements furieux des chiens grimpés sur les terrasses. Il m'avait, une heure auparavant, quitté pour tirer un cliché et je savais que, l'univers croulât-il, rien ne l'empêcherait d'attendre le moment jugé favorable et ne hâterait un de ses pas, aussi me décidai-je à partir seul, d'autant plus qu'un gros nuage émergeant des montagnes se dirigeait de notre côté.

La nuit me surprit en route ; je laissai mon mulet me guider dans les sentiers ravinés, il s'en tira et m'en tira fort bien, et tout à coup je vis une ombre auprès de moi. L... et son mulet m'avaient rejoint.

L'orage à ce moment grondait sur nos têtes et zébrait le ciel d'éclairs ; nous en fûmes quittes pour la peur et je ne sais même si L...

eut peur ; plein de confiance dans le génie caché qui depuis son enfance l'a toujours protégé contre les ennuis de la vie, il trouva tout naturel qu'il écartât l'orage et nous ramenât sains et saufs en pleine nuit à l'hôtel International, où, inquiet, le muletier nous attendait.

A peine étions-nous à l'abri, la tempête que ne retenait plus le manitou se déchaîna. Elle fit rage toute la nuit, et le matin, à quatre heures, la pluie battait encore les vitres de nos chambres. Que faire ? L... est bien tranquille ; il se lèvera tout à l'heure, il fera très beau, il enfourchera sa bécane et il sera à Medjez à temps pour prendre à dix heures le train de Constantine.

Moi, j'ai moins confiance et si je pouvais trouver une voiture, je n'hésiterais pas à la louer. C'est impossible, il est trop tard ; que faire? Rester est plus prudent; la pluie a cessé, il est vrai, mais que de gros nuages, quel vent ! Survient L.... « les nuages ne crèveront pas ; « le vent, nous l'aurons dans le dos. »

Je me laisse convaincre, et nous roulons vers Testour. Une heure après, le manitou avait encore vaincu : les nuages s'évanouissaient et le vent nous poussait vigoureusement, si vigoureusement, que sur une pente L... atteignait la vitesse d'un kilomètre en cinquante-deux secondes !

Autant nous avions eu de peine à atteindre

Teboursouk, autant nous en eûmes peu à en descendre ; la pluie n'avait pas détrempé l'excellente route et nous n'avions qu'à nous laisser rouler, à roue libre, sur la pente continue.

Vous doutez-vous que de Tunis à Constantine il y a 465 kilomètres ? Moi, les deux villes me semblaient, je ne sais pourquoi, presque voisines. Or, ces 465 kilomètres, le train met quinze heures à les franchir ; heureusement nous devions couper l'étape par une halte à Hammam-Meskoutine.

La route est peu intéressante ; sauf aux endroits où la voie serpente à côté de la Medjerda dans des ravins étroits et pittoresques, partout c'est une vaste plaine bornée au nord par des montagnes boisées. Tantôt cette plaine est bien cultivée, verte de céréales, tantôt elle est inculte, abandonnée aux buissons et aux mauvaises herbes, et ne laisse, comme arbres, entrevoir que les eucalyptus plantés autour des stations par la Compagnie du chemin de fer.

Des fermes, des villages, des villes même, Souk-el-Arba, Ghardimaou jalonnent la voie, et dans toutes ces stations, le mélange heurté des deux civilisations, de la maison française et de la hutte arabe, du bourgeron beauceron et du burnous musulman produit une singulière et désagréable impression.

Le soir nous descendons à Hammam-Meskoutine. Nous n'avons pas voulu passer si près de la « Chaudière du Diable » sans y faire halte. Je ne sais si c'est de l'enfer que viennent les sources d'Hammam-Meskoutine, mais elles sont « diablement » chaudes, puisque leur température atteint 95 degrés. Elles sourdent à différents points sur un plateau qu'elles ont recouvert de cônes en carbonate de chaux hauts de plusieurs mètres et se réunissent en deux nappes pour tomber en cascades dans la vallée.

Ces chutes d'eau bouillante ont laissé sur le sol une couche de sédiments qui les font ressembler à des cascades congelées. Les nappes calcaires d'un blanc de lait sur lesquelles glisse l'eau au milieu des nuages de vapeur laissent pendre comme des stalactites et des aiguilles de glace ; çà et là, le fer déposé par l'eau a tracé de longues traînées rousses sur ces vasques et ces mamelons neigeux, amas séculaires de la chaux refroidie.

Le débit, dit-on, s'élève à cent mille litres par minute ; cela me paraît exagéré, bien que le volume des cascades soit assez considérable pour couvrir une largeur d'environ deux cents mètres.

Au pied, les eaux se rassemblent en une petite rivière fumante dont les rives, d'abord arides et nues, se couvrent, à mesure qu'en coulant les eaux se refroidissent, d'une végétation tropicale. Palmiers, oliviers, grenadiers, jujubiers, se pressent dans ce ravin privilégié, serre chaude que ne sauraient refroidir les rigueurs d'aucun hiver.

Des cônes épars sur le plateau, dépôts de sources aujourd'hui déplacées ou taries, les plus anciens sont maintenant revêtus de mousses et de broussailles, les autres, restés frustes et blancs, semblent le soir surtout autant de fantômes pétrifiés.

Les légendes ne pouvaient manquer à ce lieu étrange, elles sont nombreuses, je vous en fais grâce. Que ces deux cônes soient un couple incestueux puni comme la femme de Loth auprès de Sodome, que celui-ci soit un marabout impie, et celui-là une épouse adultère, peu vous importe sans doute, et les bédouines qui aux pieds des « statues de sel » viennent échauder les poulets de l'hôtel, laver le linge, et faire cuire les œufs, n'y croient sans doute plus elles-mêmes.

Les Romains, ces grands amateurs de thermes, n'avaient eu garde de négliger ceux que les dieux de l'Hadès leur fournissaient gratuitement : ils avaient établi des piscines dont plusieurs ont résisté au temps et les longues rigoles qu'ils avaient creusées pour diriger les *aquæ thibilitanæ* sillonnent encore le plateau.

Aujourd'hui, un établissement thermal a capté

une petite partie de ces eaux, et le séjour ne doit pas y être désagréable.

L'hôtel est bon, les environs sont pittoresques, parsemés de restes antiques (l'hôtel renferme un musée des trouvailles provenant de Thibilis), et les montagnes voisines cachent des lacs souterrains, de belles grottes et de nombreux dolmens funéraires car, chose bizarre, on a retrouvé ici les pierres druidiques de notre Bretagne.

En quittant Hammam-Meskoutine le train s'engage dans les gorges de la Taya, puis il traverse de vastes cultures exploitées par la Compagnie algérienne et après quatre heures qui semblent longues, Constantine apparaît.

CHAPITRE V

CONSTANTINE.

Constantine est une citadelle naturelle, aussi n'est-il pas surprenant que les premiers habitants de l'Afrique aient songé à s'en faire un refuge; on fait remonter son origine à Afrikieh, un contemporain des rois pasteurs de l'Égypte. Cirta fut la capitale du royaume numide de Syphax et joua un rôle important dans les guerres de Jugurtha; c'est dans ses murs que la fille d'Asdrubal, Sophonisbe, s'empoisonna pour que Massinissa, son mari, ne la livrât pas à Scipion, épisode qui a fourni à Voltaire le sujet d'une de ses plus assommantes tragédies. Sous la domination romaine l'importance de la ville augmenta encore; détruite par les Vandales, elle fut relevée par Constantin qui lui donna son nom. Occupée par les Arabes qui l'appelèrent Belad el Haoua, cité de l'air elle fut, après une tentative malheureuse faite en 1836, emportée l'année suivante par le général Valée, après un assaut terrible et une lutte effroyable de maisons à maisons.

Constantine est bâtie sur un rocher qui ne se rattache à la terre que par un isthme étroit. Le Rummel a sur deux côtés creusé à la ville un fossé à pic de 150 mètres de profondeur, aussi Constantine apparait-elle d'une manièreimpressionnante avec ses maisons jaunes en amphithéâtre sur le plateau incliné dont les pentes se perdent dans la fissure du Rummel, mais dès ce premier coup d'œil, on voit que la civilisation européenne a déjà transformé la vieille cité numide.

La gare est en face de la ville, séparée d'elle par le Rummel que franchit un large pont en fer de 127 mètres de longueur, le pont d'El-Kantara. Il remplace celui qui s'écroula en 1857 et s'appuie sur les piles du pont que les Romains avaient jeté au même endroit, mais beaucoup plus bas, au point où les deux lèvres du ravin se resserrent.

Du pont d'El-Kantara, le spectacle est grandiose sur l'abîme ouvert à vos pieds. Tout au fond, le Rummel bouillonne. De chaque côté, les rochers tombent à pic, surplombant parfois, et laissant à peine quelques buissons s'accrocher dans leurs anfractuosités.

Le site ressemble à celui de Ronda dans les montagnes grenadines, mais la fissure au fond de laquelle coule le Rummel est autrement étroite que la gorge du Guadalevin et dans un concours Constantine emporterait le prix.

Le pont traversé, vous êtes dans la ville. Lors de la conquête française, les rues de Constantine formaient « un réseau inextricable dont le « nœud était auprès de la porte du pont. Les « autres rues, dit un récit du temps, pour la « plupart perpendiculaires à l'artère principale « qui suit la crête du terrain sur lequel la ville « est assise, sont en pente rapide ; elles se joi« gnent et se séparent, se perdent et se retrou« vent et semblent disposées exprès pour faire « le désespoir de celui qui est obligé de les « parcourir. » Les vainqueurs se hâtèrent de percer des trouées dans ce dédale si favorable aux insurrections, et une large rue, la rue Nationale, joignit le pont d'El-Kantara à la place de Nemours. Cette place est aussi nommée place de la Brèche, parce qu'elle occupe l'emplacement où dans le rempart aujourd'hui démoli fut ouverte la brèche par laquelle le 30 octobre 1837 nos soldats pénétrèrent dans la ville.

La rue Nationale, qui offre une superbe échappée sur le gouffre du Rummel, est la rue élégante de Constantine. Bordée de magasins et de cafés, elle concentre la plus grande partie de l'activité commerciale de la ville, mais aucun monument ne l'embellit car je n'appelle pas monument la pauvre et neuve façade de la grande mosquée.

C'est sur la place de Nemours que sont le théâtre, le marché et les principaux hôtels ; c'est le point le plus animé de Constantine et il en deviendra bientôt le centre car des travaux considérables sont en cours d'exécution pour raser la butte du Coudiat Aty où pendant le siège étaient établies nos batteries et pour, avec ses déblais, élargir l'isthme qui rejoint la ville à la terre.

Nul doute qu'une nouvelle ville ne s'édifie rapidement vis-à-vis de l'ancienne sur les terrains aplanis du Coudiat Aty.

En attendant, l'isthme, déjà beaucoup élargi, est planté de jolis squares dont l'un renferme la statue du maréchal Valée, le vainqueur de Constantine et l'autre un certain nombre de fragments romains, seuls souvenirs que Cirta ait conservés de ses anciens maîtres.

Les monuments de Constantine sont peu nombreux ; le théâtre et la préfecture ne valent pas plus qu'une citation, et des églises deux seulement, l'une musulmane, l'autre chrétienne, méritent une visite.

La première est la mosquée de Salah-Bey, restaurée depuis l'occupation française ; on verra avec plaisir ses colonnes de marbre et son coquet mimbar ciselé par des esclaves italiens. La cathédrale est aussi une mosquée à peine transformée qui a gardé ses arcades mauresques aux stucs ivoirés, ses murs lambrissés de faïences et jusqu'à son mihrab brodé d'inscriptions coraniques, dans lequel un Sacré Cœur de la place Saint-Sulpice montre son viscère sanglant sur une robe bleue semée d'étoiles.

Est-ce là de la bonne politique ? Si les indigènes sont aussi religieux qu'on le prétend, cette substitution opérée par le vainqueur doit les blesser cruellement. Il eût été facile de construire une église chrétienne et de laisser la mosquée à Mahomet.

Le seul édifice vraiment curieux de la ville est le palais d'Hadj-Ahmed, le dernier bey. Ce palais est moderne et n'a été construit que lorsque, délivré par la prise d'Alger du contrôle du dey son suzerain, Hadj-Ahmed put sans contrainte se livrer à ses fantaisies. C'était un effroyable bandit que ce dernier potentat turc. Il égorgea, mutila, massacra je ne sais combien de ses sujets et de ses femmes. Il fit clouer la main de l'une d'elles à l'arbre où elle avait cueilli une orange ; une autre qui avait mal parlé de lui eut les lèvres cousues et fut enterrée vive. Exécré de tous pour sa férocité, il redoubla de cruauté afin d'épouvanter les mécontents. Sa mère elle-même ne fut pas à l'abri de ses soupçons. On pense bien qu'un tel homme ne se gêna guère pour prendre où bon lui sembla le terrain et les matériaux de son palais. Les plus riches indigènes durent céder leurs faïences, leurs colonnes, leurs portes sculptées et qui hésitait était jeté en prison s'il n'était pas mis à mort.

Ce palais, fruit de tant d'exactions, ne fut terminé qu'en 1835, deux ans avant l'entrée des Français.

Comme à l'Alhambra, ce modèle de tous les palais arabes, chaque cour, chaque *patio* pour me servir du terme espagnol, forme avec les bâtiments qui l'entourent un ensemble complet.

De gracieuses galeries superposées permettaient aux trois cent quatre-vingt-dix femmes légitimes et illégitimes du bey de venir respirer l'air du soir et d'assister aux fêtes que leur donnait leur maître.

Ces cours, plantées d'orangers, de grenadiers, de myrtes, parfumées de fleurs, sont tout à fait charmantes et rien n'est plus joli que les galeries dallées de marbre blanc qui les entourent. Des colonnes de toutes sortes, les unes cannelées, les autres lisses, les unes torses, les autres carrées, en soutiennent les arceaux légers et sveltes, et sous les plafonds aux solives peintes s'ouvrent les portes finement menuisées qui conduisaient aux appartements.

Ce palais, aujourd'hui occupé par divers services militaires, est bien supérieur au Dar-el-Bey de Tunis, et la salle du trône comme le salon du premier étage peuvent être cités parmi les œuvres les plus exquises et les plus élégantes de l'art arabe.

Au rez-de-chaussée, les galeries de la première cour offrent l'exemple d'un art tout différent.

Elles sont décorées de fresques représentant ou plutôt voulant représenter diverses villes.

Impossible de rien voir de plus enfantin: ce sont des citadelles étranges, rouges, bleues, jaunes, laissant passer aux embrasures de leurs sept ou huit étages des canons gigantesques et fantastiques, des drapeaux où la ville entière pourrait s'ensevelir, de minuscules jardins où volent des oiseaux plus gros que les maisons, une mer vert-pomme où nagent des choses qui à volonté peuvent être des têtards, des vaisseaux, des grenouilles ou des chaloupes; toute l'œuvre enfin est d'une fantaisie qui recule les limites connues.

D'après une tradition, ces fresques ont été peintes par un esclave chrétien, un cordonnier à qui, sous peine de vingt-cinq coups de fouet, le terrible bey ordonna de décorer la galerie.

« Le malheureux se mit à brosser sur les « murs des images représentant des arbres, des « bateaux, des canons, comme en ferait un « enfant à l'école quant il dessine des bons- « hommes. Il enlumina tout cela à sa manière « et il attendit la visite du maître dans une

« anxiété horrible, s'attendant à ce qu'il dou-
« blerait la dose des coups de fouet pour le
« punir de s'être permis une aussi mauvaise
« plaisanterie. Le maître parut émerveillé, des
« encouragements furent donnés à l'artiste
« qui termina son œuvre et reçut pour prix la
« liberté.

« On ajoute que le bey disait à ses familiers :
« Ce chien de chrétien voulait me tromper, mais
« je savais bien, moi, que tous les Français
« savaient peindre. »

Eh bien ! le bey avait raison. Par quel miracle, je ne sais, mais ces fresques puériles aux couleurs heurtées sont d'un joli effet décoratif et j'en connais plus d'une à Paris, chef-d'œuvre au dire des connaisseurs, auxquelles en mon for intérieur je préfère les barbouillages du brave cordonnier.

En somme, à l'exception de ce palais, il n'y a pas de monuments à Constantine et on y chercherait en vain les « ruines antiques très « précieuses » signalées par Bouillet dans son dictionnaire de géographie.

La gloire de la ville, c'est son extraordinaire situation, c'est la gorge grandiose du Rummel. Un sentier long de près de trois kilomètres, dit « chemin des touristes », souvent suspendu au roc par des crampons comme dans certaines gorges de Suisse, permet de la parcourir en son entier, depuis le pont du Diable auprès de la place de Nemours jusqu'au débouché dans la plaine au-dessous de la Kasba.

Le parcours est merveilleux, inoubliable. D'abord c'est la pointe de Sidi-Rached hérissée encore de fortifications antiques, puis subitement le ravin se rétrécit et au loin vous apercevez l'arche d'El-Kantara.

A gauche, près d'un pont naturel, au fond de l'abîme, au milieu de cascades, des piscines romaines. Vous suivez le Rummel et de plus en plus les bords du précipice s'élèvent et se rapprochent en surplombant parfois de plus de dix mètres sur votre tête.

Les rochers se dressent sombres, abrupts, formidables et à peine, le cou tordu, pouvez-vous découvrir au sommet quelques maisons de la ville penchées sur le bord du gouffre où tournoient des corbeaux et des vautours. « Partout « les corbeaux fientent sur les gens ; à Constan- « tine, les gens fientent sur les corbeaux. » Le dicton est trivial, mais rigoureusement exact.

Sous le pont d'El-Kantara, aérien et léger, où les hommes et les voitures qui passent semblent si petits, points noirs sur le ciel, vous franchissez les restes de l'arche romaine, dont les piliers massifs se confondent avec le roc, puis soudain plus rien, le torrent s'est englouti sous terre. Un escalier creusé dans l'intérieur du rocher vous permet de le retrouver vingt mètres plus bas et alors le spectacle devient féerie.

Aucune gorge suisse, pas même les plus célèbres, Trient, Pfæffers, Meiringen, ne peut montrer ces trois ponts successifs, arches naturelles démesurées, énormes, dont les tabliers laissent tomber des cascades, arcs de triomphe colossaux tels que l'homme n'en a jamais rêvés. Au sortir de la dernière voûte, à l'angle nord de la ville, tout au faîte de rochers plus hauts, plus verticaux que jamais, vous entrevoyez les murs de la Kasba.

Le roc forme là une muraille absolument droite de cent cinquante mètres. C'est cependant par là que les derniers défenseurs de la ville et un grand nombre de femmes et d'enfants terrifiés, affolés, tentèrent d'échapper aux soldats qui, croyaient-ils, allaient les massacrer.

Les cordes se brisèrent et les fugitifs allèrent s'entasser au fond de l'abîme dans une bouillie sanglante, aux pieds des vainqueurs impuissants à les secourir et frémissants d'horreur.

Après la pointe de la Kasba, les rochers se desserrent, le défilé s'ouvre, et le Rummel se précipite dans la plaine. Ce sont les cascades des moulins Lavie, le plus souvent insignifiantes, mais le 16 mars, grossi par les pluies tombées les jours précédents, le Rummel roulait un volume d'eau très suffisant, non seulement pour entraîner les immondices dont l'odeur gâte ordinairement l'admiration des touristes, mais encore pour former une belle nappe d'eau bondissante.

En revenant par le même chemin pour l'admirer encore une fois, nous remarquons sous le pont d'El-Kantara une plaque de marbre avec cette inscription en lettres d'or : « Frédéric « Rémès à Émile Loubet, président de la République française pour perpétuer son voyage « en Algérie et son passage dans ces gorges « célèbres, accompagné de Maruéjouls, ministre « des Travaux publics, le 24 avril 1903. »

Ainsi, de tant de héros, de tant de rois, de tant de personnages fameux qui depuis deux mille ans ont traversé ces gorges les seuls dont la présence sera « perpétuée » seront le président de la République et le sieur Maruéjouls ! — Qui mieux est, ces deux illustrations ne sont même pas descendues ici, la plaque ment ; l'ingénieur Rémès escomptait une visite qui n'a pas eu lieu ; ni Loubet ni Maruéjouls, ô désespoir ! ne sont venus ! Espérons pour M. Rémès que la croix à laquelle lui donnaient un incontestable droit de si belles lettres d'or, ne lui a pourtant pas fait défaut !

Bien que le dédale des rues arabes de Constantine ait été coupé par de larges voies, il en reste encore des lambeaux intéressants. Celui qui descend de la place de Nemours jusqu'à la pointe de Sidi-Rached d'où jadis on précipitait dans le Rummel les femmes adultères est très curieux surtout le soir, et dit un guide local, « l'étranger aurait tort de s'arrêter aux côtés « répugnants des tableaux extrêmement pitto- « resques déroulés sous ses yeux. »

Il est de fait que ces rues escarpées dont l'une est à juste titre nommée rue de l'Échelle, ces ruelles qui se croisent et s'entremêlent ne sont pas précisément recommandables le soir aux promenades des jeunes filles ; la débauche indigène s'y étale avec cette naïve liberté qui nous étonne. L'Arabe n'a pas sur ce point, sur aucun du reste, les mêmes idées que nous et tel homme grave à barbe grise ne se gênera nullement pour aller devant tous à ces faciles conquêtes.

Inutile de dire que les jeunes gens se gênent encore moins, aussi y a-t-il foule devant les maisons dont les portes ouvertes laissent voir les beautés tentatrices et les fenêtres grillées derrière lesquelles les Phrynés indigènes dévoilent leurs charmes, et nombre d'amateurs franchissent les seuils hospitaliers.

A chaque pas dans les cafés derrière les portières à demi soulevées, au milieu de la fumée des pipes, devant les indigènes subitement tirés de leur rêve perpétuel, les musettes pleurent, les tambours battent, les femmes chantent, les darboukas résonnent, les rires éclatent, tandis que lentement à travers la foule bruyante et excitée, monte et descend interminablement l'impassible patrouille des turcos qui, fusil à l'épaule, baïonnette au canon, veillent au « bon ordre » et à la police de la rue.

Tout cela forme pour employer l'expression du guide, « des tableaux extrêmement pittoresques » mais d'un pittoresque hasardé et très spécial.

Le jour, ces rues reprennent un aspect paisible et il n'est pas jusqu'à ces fenêtres garnies de barreaux, ces vasistas grillés, qui n'aient un air presque honnête.

Les autres rues indigènes de Constantine renferment des souks qui ne peuvent être comparés à ceux de Tunis et L... revient bredouille de sa chasse perpétuelle aux bijoux, mais nous voyons avec plaisir que là, comme en Tunisie, les Arabes ont conservé la recette de l'excellent kaoua.

Pourquoi n'en trouve-t-on pas à Paris ? Qu'un cafetier des boulevards engage un Arabe expert, que du dehors on le voie faire sa petite cuisine, chauffer ses minuscules casseroles de cuivre dans la cendre brûlante, et je me trompe fort si beaucoup de Parisiens ne préfèreront pas à leur eau brune le succulent kaoua turc ; j'en connais plusieurs qui n'hésiteraient pas. Mais le kaoua ne souffre pas la médiocrité et il exige un café de premier choix qui n'ait pas subi les manutentions stupides de nos épiciers et perdu tout son arome dans le brûlage en plein air.

Non loin d'un rocher où furent torturés je ne sais plus quels saints et que pour cela on nomme le rocher des Martyrs, au pied de l'immense talus que les wagons viennent incessamment augmenter avec les déblais du Coudiat Aty, de misérables bédouins, les Ramessès, sont depuis un temps immémorial établis dans des baraques sans nom. C'est la rue de Lappe et la Butte-aux-Cailles constantinoises, le coin des ferrailleurs et des chiffonniers, et pour savoir à quel point peuvent être répugnants et sales un être humain et son habitation il faut avoir vu le village des Ramessès.

M. Baraudon, il y a une dizaine d'années, en traçait une esquisse peu flattée, mais exacte. « C'est, dit-il, moins une agglomération d'êtres « humains que de bêtes innomées, quelque « chose d'informe, de sale et par dessus tout « de puant, une vaste ordure s'étalant libre« ment au grand soleil d'Afrique. Les cabanes « alignées sur plusieurs rangs sont faites en « pierrailles sèches ou en planches mal jointes « que recouvrent des écorces d'arbres et des « morceaux de fer blanc sur lesquels, par « crainte du vent, on a placé de grosses pierres. « Des linges souillés comme s'ils avaient servi « à panser des ulcères sèchent au-dessus et « plus loin, attachés ensemble à une corde, des « chevaux, des ânes, des chameaux mangent « une herbe qui est un véritable fumier. »

Ce hameau va disparaître sous le remblai ; le plus enragé amateur de couleur locale ne saurait lui donner un regret.

Les environs de Constantine sont montagneux et des boulevards qui montent à la Kasba on voit toute une région bouleversée, dominée à l'ouest par quelques sommets dont le plus élevé le Msid-Aïcha atteint près de quinze cents mètres.

Toutes ces montagnes rugueuses sont semées de ruines romaines, creusées de grottes et fendues de gorges qui rappellent celles du Rummel, mais à moins de faire comme un jeune homme qui venu, me disait-il, en Algérie pour quinze jours y resta huit mois, force nous est bien de modérer nos désirs.

CHAPITRE VI

TIMGAD ET BISKRA.

Lambèse. — El-Kantara. — Sidi-Okba.

Nous allons maintenant nous diriger vers le sud pour l'excursion classique de Biskra. Quelle agence Cook ou autre ne fait pas figurer à son programme Timgad la « Pompéi africaine » et Biskra d'où « la vue sur le désert est admirable » ?

Dès le matin nous montions en wagon.

A El-Guerrah la voie abandonne la verdoyante vallée du Bou-Merzoug qu'elle suit depuis Constantine et s'engage sur un plateau sablonneux et triste, c'est la région des *sbakh*, lacs saumâtres aux rives dénudées. Nous passons entre deux de ces étangs mornes dont les eaux grises stagnent au loin, puis nous continuons à monter ; à gauche nous apercevons une sorte de pyramide tronquée : c'est le Medracen, vaste mausolée antérieur à la conquête romaine.

Le visiter nous aurait retardé d'une journée entière; je n'insistai pas ; j'avais alors l'espérance de voir, dans mes promenades autour d'Alger, le tombeau de la Chrétienne qui est presque semblable : un cylindre de pierre flanqué de colonnes et surmonté d'un cône bas et à degrés.

De notre wagon nous en distinguions vaguement la forme sur la plaine, bien qu'il fût à cinq kilomètres.

Montant toujours, la voie finit par arriver à Batna, à 1041 mètres d'altitude.

Il n'est pas surprenant qu'à une pareille hauteur sur un plateau désolé le printemps ne se soit encore guère fait sentir : les arbres qui bourgeonnent déjà à Constantine sont ici encore dénudés et un vent violent qui souffle du sud-ouest en agite les branches noires le long de l'avenue de la gare.

Nous ne nous r arêtons pas à Batna ; le temps de déjeuner au buffet et d'enfourcher nos vélos, nous voilà partis pour Lambèse et Timgad.

La route est bonne, le vent nous pousse et nous atteignons bientôt Lambèse dont depuis longtemps le *Prætorium*, massif cube de pierre au milieu des champs, intriguait notre curiosité.

Lambèse fut pendant deux cents ans le quartier général de la troisième légion Auguste et joua un grand rôle dans les guerres africaines, principalement sous Tibère lors de la révolte du Maure Tacfarinas.

D'abord camp fortifié, elle devint avec le temps une véritable ville militaire, ceinte de murailles et de fossés et divisée en damiers par des rues. Les deux plus larges, bordées de colonnes et de statues, se coupaient à angle droit au centre du camp et formaient à leur jonction une place devant le prœtorium.

Un pénitencier militaire a été installé sur les ruines. C'est là que furent internés les insurgés de juin 1848 et les vaincus de décembre 1851 et ceux de ma génération n'ont pas oublié cette Lambessa qui gémit son *miserere* dans les *Châtiments* de Hugo. Pour le construire on a démoli les quatre portes monumentales du camp et rasé les murs d'enceinte qui avaient quatre mètres de hauteur; c'était une carrière d'autant plus précieuse que les pierres étaient toutes taillées.

Nos ingénieurs sont tellement coutumiers du fait qu'il n'y a pas à s'en étonner et l'indignation serait inutile. Mais comme toute chose a un bon côté, si ce pénitencier empêche de déblayer une partie du camp, il permet de trouver facilement des travailleurs pour fouiller le surplus.

En effet une cinquantaine de condamnés arabes, sous la surveillance d'un gardien armé d'un fusil et d'un revolver, travaillent silencieusement. Les uns piochent, les autres enlèvent les déblais dans les vagonnets d'un Decauville : ils gagnent cinquante centimes par jour à cette besogne.

La partie du camp qui n'est pas sous le pénitencier est aujourd'hui à peu près dégagée ; un grand nombre de colonnes ou plutôt de fûts brisés ont été redressés le long des avenues et il est facile de se rendre compte des logements des légionnaires, tous semblables et composés de deux pièces et d'un petit vestibule. Les dalles des rues ont été mises au jour ainsi que les piliers des portes du camp et les bases des tours qui les défendaient.

Quant au *Prætorium* il a été construit en l'an 268, après un tremblement de terre.

C'est une enceinte à peu près carrée d'environ trente mètres de côté, dont seuls les quatre murs sont encore debout.

Ces murs sont très élevés, ornés de pilastres et percés au premier étage d'une large baie qui éclairait l'intérieur. Le faîte est détruit et bien entendu les statues placées dans les niches ont disparu.

On pénétrait dans le bâtiment par douze portes, trois sur chaque face, dont les centrales sont beaucoup plus hautes que les autres. Cette salle servait, croit-on, aux réunions des officiers. Une esplanade ménagée devant la face méridionale permettait d'y assembler les soldats.

Les fouilles ont donné lieu à des constatations intéressantes. On a pu se convaincre que dans leur camp les légionnaires du IIIe siècle, devenus une sorte de garde nationale, trouvaient des oratoires, des salles de réunion et des thermes. Ceux-ci sont déblayés complètement et étaient encore dans un bel état de conservation il y a quelques années ; il n'en est plus de même aujourd'hui, bien que le *caldarium*, le *tepidarium* et le *frigidarium* se reconnaissent encore aisément.

L'empereur Septime Sévère ayant permis aux légionnaires de se marier et d'habiter avec leurs femmes hors du camp, celui-ci fut réduit « à un simple dépôt d'armes et de munitions, « un lieu d'exercices et de rassemblement où « les soldats ne venaient que pour les besoins « du service (G. Boissier). »

Toute une population était peu à peu venue se mettre sous la protection de la légion ; une ville fut construite, il en subsiste quelques arcs de triomphe, entre autres celui de Commode et celui de Septime Sévère, dont je ne sais par quel hasard les intelligents constructeurs du pénitencier ont bien voulu ne pas employer les pierres. L'arc de Septime Sévère est le plus important et avait sans doute été élevé par les légionnaires reconnaissants. Des statues décoraient ses trois arcades et leurs piédestaux sont encore debout, mais la frise et le fronton ont disparu. Ainsi mutilé le monument n'excite guère l'enthousiasme et je doute que, même entier, il ait jamais été remarquable. Son architecture est modeste et son ornementation indigente.

D'autres ruines sont éparses dans la plaine et sous les oliviers, ce sont des thermes, des temples, un amphithéâtre ; nous nous contentons de voir celui-ci ou plutôt son emplacement, car ses débris sont insignifiants. Prévenus que les autres ruines sont à peu près dans le même état, nous ne jugeons pas à propos de les chercher et nous réenfourchons nos vélos.

Nous n'avons pas de temps à perdre : il est quatre heures et nous sommes à près de trente kilomètres de Timgad.

Ce n'est pas au hasard que les Romains avaient établi un camp permanent à Lambèse ; ils fermaient ainsi au nord les débouchés de l'Aurès, vaste massif montagneux dont plusieurs sommets dépassent 2.300 mètres. Ces montagnes étaient habitées par des tribus que les Romains ne paraissent jamais avoir domptées complètement.

Depuis Batna ces monts de l'Aurès forment à notre droite une barrière dont nous nous rapprochons à chaque tour de roue. Lambèse est à deux ou trois kilomètres de leurs premiers contreforts, et quand nous avons gravi la hauteur que surmonte un arc de triomphe construit sous Marc-Aurèle, dernier vestige de Verecunda, quand nous avons dépassé Marcouna, sa ferme et son parc aux centenaires oliviers, l'Aurès se déploie devant nous dans sa majesté, avec ses sommets couverts de neige, et ses pentes abruptes, noires des forêts encore dépouillées.

Mais à notre droite ces pics disparaissent sous un nuage sombre dont les tourbillons s'abaissent déjà vers la plaine et semblent rouler à notre poursuite.

Heureusement la route est excellente et nous n'avons plus qu'à descendre : à peine quelques coups de pédale à donner, c'est le triomphe de la roue libre ! Pourtant le nuage court plus vite que nous, il nous gagne ; Timgad apparaît enfin avec le petit hôtel ouvert depuis l'an dernier, nous l'atteignons, nous sommes sauvés. Un quart d'heure plus tard un véritable ouragan secouait les murs de l'hôtel, au milieu d'une trombe de pluie ; il n'était pas six heures et l'obscurité était complète.

Que nous importait maintenant ? Nous étions à l'abri, le manitou de L..., nous avait encore une fois protégés, car je ne sais trop ce que nous serions devenus sous cette averse effroyable, dans le steppe sans refuge, sans abri que nous venons de traverser.

Ce manitou, je finissais par y croire : il avait manifesté sa puissance par des preuves tellement évidentes !

A Hammam-Meskoutine notamment. La gare

est à un kilomètre de l'hôtel ; or L..., a un principe, c'est qu'il faut toujours partir à la dernière minute, et sa joie est de monter dans un wagon déjà en marche. Que de fois l'ai-je vu arrivé par méprise cinq minutes avant le départ, désolé de cet accident, enfourcher son vélo sous prétexte d'un oubli quelconque, d'un objet à acheter et ne revenir que pour jeter sa bécane dans le fourgon.

Grande fut donc ma surprise quand sur le quai d'Hammam, près de dix minutes avant le passage du train, je le vis accourir. Il était rouge, trempé de sueur, haletant. Que s'était-il donc passé? Simplement ceci : L..., s'était, selon son habitude, décidé au dernier moment à gagner la gare, il s'était trompé de chemin et ne s'en était aperçu qu'à deux kilomètres. Courir à perdre haleine le long de la voie, dans l'espoir que le train aurait quelque retard, c'est ce qu'il fit, et il arrivait dix minutes avant l'heure ! — Par quel miracle ? — Sa montre avançait de vingt minutes ! Croyant avoir dix minutes à lui, il en avait trente ! Et notez que ce jour-là seulement la susdite montre avança ! N'est-il pas hors de doute que le manitou s'était fait horloger pour sauver son favori ?

Quoi qu'il en soit, protection ou chance, nous étions à Timgad et nous nous chauffions au feu de la salle à manger.

Il faisait en effet assez froid ; rien ne rappelait les palmiers du Djérid ni le soleil de Metlaoui, c'est que nous étions à 1072 mètres d'altitude.

Timgad, ou plutôt Thamugas, fut fondée par ordre de Trajan sur un coteau qui se rattache au massif de l'Aurès. Elle prospéra rapidement, fut saccagée par les Vandales, reconstruite par Solomon, lieutenant de Bélisaire, et enfin disparut à la fin du VIIe siècle, on ne sait trop comment, probablement lors de l'invasion arabe, certainement de façon violente car on a retrouvé beaucoup de squelettes épars dans les rues et les maisons.

Il y trente ans, seul un arc de triomphe à demi enfoncé dans le sol émergeait ; c'était celui élevé à Trajan, fondateur de la cité.

Des fragments de colonnes, des dalles brisées étaient dispersés sur un vaste espace. On commença quelques fouilles en 1881 sous la direction de M. Duthoit et le résultat fut extraordinaire. La ville était restée enfouie sous les terres que le vent et les eaux avaient amoncelées depuis treize cents ans. Entendons-nous cependant. Il ne s'agit pas ici d'une ville surprise tout à coup en pleine vie, stupéfiée pour ainsi dire comme Pompéï, mais de débris restés en place d'une ville ruinée et peu à peu recouverte par le sol.

A Pompéï rien n'a été reconstitué ; les maisons sont telles qu'elles étaient il y a dix-huit cents ans avec leurs fresques, leur mobilier, leurs murailles, les toits seuls et les étages manquent. A Timgad, rien de semblable, les constructions ont été rasées, détruites complètement ; seules ou à peu près les fondations demeuraient, et ces centaines de colonnes qui aujourd'hui hérissent le sol de leur forêt de pierre et de marbre ont toutes été redressées et remises en place par M. Ballu et ses successeurs. C'est donc une reconstitution que nous voyons, mais une reconstitution faite sur place avec les matériaux romains. Pas toujours cependant ; on a cru bon de relever les murs de toutes les maisons jusqu'à hauteur d'appui et de les cimenter, c'est une erreur d'autant plus regrettable que longtemps on a exhaussé toutes les fondations sans s'inquiéter si elles étaient celles de la ville romaine ou celles des maisons des Berbères, derniers habitants de Thamugas.

Depuis trois ans seulement on a eu soin de n'exhausser que les fondations romaines, ce qui explique pourquoi on ne reconnait la disposition bien connue des habitations du peuple-roi que dans les quartiers nouvellement déblayés, tandis que dans les premiers découverts les murs berbères coupent les *atria*, les *péristylia* et les *triclinia* de manière à les rendre méconnaissables.

Grâce à une subvention annuelle de 50.000 fr. à partager avec Lambèse, une grande partie de Timgad a déjà revu le jour.

Construite par les vétérans de la légion Ulpia Victrix, Timgad, comme Lambèse et comme les villes modernes, est coupée à angle droit par des rues droites, de manière à former un damier.

La large rue qui traverse la ville et aboutit à l'Arc de Trajan s'appelle voie Décumane, c'était un tronçon de la route de Théveste à Lambèse. Les noms de Cardo nord et de Cardo sud ont été donnés à deux rues perpendiculaires, au nord et au midi de la voie Décumane.

Ces quatre rues étaient bordées de portiques soutenus par des colonnes dont bien peu ont pu être reconstituées entièrement. Les dalles dont elles sont pavées ont conservé la trace des roues des chars, car les rues ne sont pas, comme à Pompéï, obstruées par ces pierres qui permettaient aux Pompéiens de passer d'un trottoir à l'autre sans marcher sur la chaussée boueuse, mais qui, quoi qu'on en ait dit, devaient rendre les rues de Pompéï impraticables aux voitures traînées par des chevaux.

Ici les trottoirs, quand ils existent, sont très étroits : des galeries le long des maisons en tenaient lieu. Sous les rues sont de vastes égouts, véritables souterrains où un homme peut se tenir debout.

La ville était ceinte de murailles. Sans avoir l'importance de la porte de l'ouest (l'arc de Trajan), les autres portes étaient également monumentales et rien ne serait plus facile que de réédifier celle de l'est dont les colonnes, le fronton, les piédestaux et les pierres ont été déterrés et sont couchés sur le sol auprès des assises encore debout.

Le forum était à peu près au centre de l'enceinte. Le forum de Rome, envahi par les temples votifs, les autels, les statues et les constructions impériales, avait peu à peu été réduit à l'étroite *via sacra*, celui de Timgad au contraire est resté net de toute addition. C'est une place à peu près carrée, mesurant seulement une cinquantaine de mètres sur chaque face. Elle était entourée de galeries et la principale entrée sur la voie Décumane était précédée d'un portique et de dix marches.

La tribune aux harangues, appuyée à un temple dédié à la Victoire, était en pierres ; l'orateur pouvait y gesticuler et marcher à son aise car elle a plus de six mètres de longueur. Les trous du scellement de la rampe de fer se distinguent nettement sur les dalles et l'escalier d'accès existe encore.

La basilique, c'est-à-dire le tribunal, occupait tout un côté du forum : l'estrade des juges, l'autel des dieux protecteurs sont à leurs places.

Tout autour du forum, entre les colonnes,

des piédestaux ont gardé les noms des empereurs, des préfets et des célébrités locales, dont ils portaient les statues.

Les larges dalles du forum sont intactes et sur certaines on remarque des damiers et des trous creusés pour des jeux de billes et autres. Sur une de ces dalles, autour d'un oiseau grossièrement dessiné et perché sur une fleur, on lit ces mots : *venari, lavari, ludere, ridere occest* (*sic*) *vivere* (1), ce qui prouve qu'il y avait de joyeux drilles à Thamugas.

A droite et au-dessous sont des mots moins faciles à traduire : *Qui ever* et *ocanas.*

Derrière le forum le théâtre s'adosse à une colline dans laquelle, selon l'habitude antique, sont taillés les gradins, dont seuls les rangs inférieurs sont aujourd'hui dégagés. Les voûtes qui soutenaient le grand escalier, les colonnes du portique, l'orchestre, les piliers trapus qui supportaient le plancher de la scène et les marches qui y donnaient accès ont été ou déblayés ou réédifiés, et quand les travaux seront terminés, il pourra probablement lutter avec celui de Douggâ.

Les thermes, ce luxe romain, étaient nombreux et vastes ; on en a découvert trois bien conservés. Sans doute ce ne sont pas les thermes de Pompéï retrouvés en entier, avec leurs plus

1. Chasser, se baigner, jouer, rire, voilà vivre.

menus détails, jusqu'aux patères où les baigneurs accrochaient leurs vêtements ; Timgad ne nous offre pas de ces merveilles, mais les substructions ont été déblayées, les mosaïques qui pavent encore le sol débarrassées et partout il est aisé de reconnaître les différentes salles des bains et surtout le *caldarium* avec ses deux carrelages superposés entre lesquels circulaient l'air chaud et la vapeur brûlante.

Un des thermes a même gardé ses caves, ses magasins, ses fours, et les morceaux de charbon qui il y a quatorze siècles ont servi à chauffer le bain des derniers Thamugadins s'écrasent sous vos talons.

Bien curieux aussi le beau marché dégagé en 1903 avec ses deux bassins demi-circulaires ceints d'une colonnade, et les boutiques des vendeurs s'arrondissant autour en deux hémicycles. En avant de la cour centrale, d'autres boutiques entouraient un vestibule précédé d'un portique et d'une terrasse. Tout cela, comme on le voit, était pratiquement et artistement aménagé.

Il y avait un autre marché hors de l'enceinte, car, dès le premier siècle de son existence, Thamugas s'était trouvée à l'étroit et la plupart de ses monuments, le Capitole lui-même, étaient au-delà des murailles.

Comme le premier ce marché était précédé d'un portique, et un bassin occupait le centre de la cour entourée de colonnades. Les boutiques des vendeurs étaient alignées au fond. Chose singulière : une dalle fixe placée horizontalement à un mètre de hauteur et qui évidemment servait à l'étalage barre l'entrée de chaque boutique, si bien que le marchand devait se glisser par dessous pour pénétrer chez lui.

Quant au Capitole dont je viens de parler, c'est, on le sait, le temple que certaines cités importantes ou privilégiées avaient le droit de posséder à l'instar de Rome et qui, comme celui de la capitale, était dédié à Jupiter Capitolin.

Le Capitole de Thamugas était précédé de beaux propylées redressés aujourd'hui. Un perron de trente-huit degrés conduisait au sommet du soubassement sur lequel il s'élevait.

En 1765, époque où le dessina l'explorateur Bruce, cinq colonnes étaient encore debout. Un tremblement de terre les renversa depuis et les fragments de deux seulement furent retrouvés quand, en 1892, on entreprit les fouilles de ce côté.

Après divers travaux de consolidation au soubassement, ils furent, sous la direction de M. Ballu, replacés en 1897 et aujourd'hui, profilées sur le ciel, visibles de très loin, ces deux colonnes hautes de quatorze mètres dominent la ville ressuscitée.

L'Arc de Trajan a été également l'objet de diverses restaurations. Cet imposant monument haut de quinze mètres est percé de trois ouvertures, celle du milieu très élevée. Les deux latérales sont surmontées de niches et on y a replacé une statue dont la blancheur immaculée contraste disgracieusement avec la patine sombre du vieil édifice. Quatre colonnes cannelées à élégants chapiteaux complètent cette porte superbe dont l'attique laisse encore lire la dédicace au « divin Trajan ».

A quelques pas, un gracieux édicule consacré au Génie de la Colonie a été redressé dernièrement.

C'est de ce côté, du côté de Lambèse, que les travaux sont poussés actuellement ; les dalles de la voie ont été déblayées et on réinstalle les colonnes des portiques qui la bordaient jusqu'à une longue distance.

Ce nombre incroyable de colonnes donne à Timgad un aspect étrange. Du théâtre ou du Capitole, points culminants de la ville, l'œil plane sur une forêt de fûts de marbre coiffés de leurs chapiteaux, ou tronqués à différentes hauteurs ; le spectacle est magnifique et saisissant.

Si Timgad, quoi qu'en disent ses admirateurs, ne peut comme intérêt archéologique et comme conservation être comparé à Pompéï, c'est, après la ville napolitaine, le plus complet ensemble romain qui nous soit parvenu.

Cette ville frontière au pied de l'Aurès turbulent ressemblait étrangement à la ville de plaisirs couchée au pied du Vésuve enchanteur. Le plan des maisons est identique et celle de Sertius semble copiée sur celle de Pansa à Pompéï. Aux confins du désert comme dans la Campanie, les Romains donnaient invariablement les mêmes dispositions à leurs demeures. Nous retrouvons ici le vestibule, l'*atrium*, le péristyle, le *tablinium*, quelquefois au fond l'*occus*, rarement un petit jardin. Timgad en renfermait moins encore que la ville de Vénus; dans les plus vastes maisons ils étaient minuscules, une ou deux plate-bandes tout au plus.

Peut-être dans les faubourgs en découvrira-t-on quelques-uns plus étendus.

Les fouilles nous ménagent certainement d'autres surprises, car la ville était florissante et M. Vars, le directeur actuel des fouilles, nous disait qu'elle devait avoir compté cent mille habitants. C'est un gros chiffre ; quoi qu'il en soit Thamugas était une cité importante.

On est stupéfait du nombre de villes qui aux premiers siècles de notre ère, peuplaient un pays aujourd'hui si désert. Lambèse était à 25 kilomètres à gauche, Mascula (Kenchela) à 60 kilomètres à droite, un peu plus loin, c'était Théveste (Tébessa) et pourtant jamais la puissance romaine ne fut bien assise dans ces régions remuées par les incessantes révoltes des indigènes.

Je n'ai pas parlé de la cathédrale de Timgad, de divers oratoires, ni du fort byzantin, construit par Solomon, lieutenant de Bélisaire. C'est que des premiers il ne reste que des ruines insignifiantes et que nous n'avons pas vu le fort, assez éloigné de la ville ; ce n'était pas trop d'une journée pour visiter celle-ci, et les heures passaient vite à admirer les monuments, à flâner dans les rues, à pénétrer dans les maisons, à tâcher d'en reconnaître le plan.

Celle de Sertius (Marcus Plotius Faustus, chevalier romain, ancien commandant des cohortes de l'armée de Numidie, flamine perpétuel, etc., etc.) est particulièrement intéressante ; ses substructions sont bien conservées, et les mosaïques des cours sont presque intactes ainsi que l'*impluvium*.

Non content de nourrir des poissons dans ses bassins, Sertius leur avait aménagé un vivier inférieur où ils pouvaient déposer leur frai, disposition que nos pisciculteurs pourraient peut-être étudier avec profit.

Ce Sertius paraît avoir été un gros personnage ; sa maison est vaste et lorsqu'il fut nommé flamine perpétuel il avait à ses frais, l'inscription en fait foi, édifié un des marchés. Sa statue et celle de sa femme Cornélia se dressaient à l'entrée de ce marché et la reconnaissance municipale lui en avait élevé une autre dans le Forum.

Je m'en voudrais de ne pas parler d'un établissement tout autre, des latrines publiques. Autour d'une courette, des banquettes de pierre percées de trous forment des sièges séparés par des dauphins de pierre. Un des sièges a été complètement remis à neuf pour qu'on puisse juger de sa disposition.

M. Durand-Claye, le promoteur du tout à l'égout, avait eu à Timgad des prédécesseurs qu'il ne soupçonnait pas ; le système y était parfaitement organisé, la cour elle-même est creusée de rigoles qui recueillaient les liquides et que nettoyait incessamment l'eau d'une fontaine.

Les « consommateurs » n'étaient pas isolés et pouvaient se voir ; sauf cela, il n'est pas un de nos « quinze centimes » qui puisse être comparé avec les « publics » de Timgad.

Les égouts, ne l'ai-je pas déjà dit ? sont une des choses les plus remarquables de la ville, tant pour leur hauteur que pour leur parfait état de conservation, mais on se demande ce que devenaient leurs résidus. Le ruisseau qui coule à un kilomètre de la ville n'était pas assez fort pour les entraîner ; il est vrai que, nous l'avons vu à El-Djem, les Romains savaient faire jaillir de terre des sources dont aujourd'hui nous nierions la possibilité si nous ne voyions les nombreuses fontaines qui décoraient les angles des carrefours.

Il me reste à dire un mot du musée où ont été réunies une partie des œuvres d'art, une partie seulement, car ce n'est que depuis peu d'années qu'on y a transporté les mosaïques ; jusque-là on les laissait où on les trouvait, et il n'était pas touriste qui n'en emportât comme souvenir quelque parcelle.

De belles œuvres furent ainsi détruites par les intempéries et par les voyageurs. Aujourd'hui on ne laisse sur place que les mosaïques grossières, et toutes celles de quelque valeur sont portées au musée ; elles sont déjà assez nombreuses pour en tapisser les murailles.

Il en est de remarquables : je citerai un Hermaphrodite, un Neptune, et une qui, au dire de M. Vars, représenterait Apollon frappant la nymphe Ambrosia de cécité (qu'était-ce que la nymphe Ambrosia ?) mais pourquoi cette légende mystérieuse, FILADELFIS VITA ? M. Vars en conclut qu'il devait exister une société : « les Philadelphes » et que cette mosaïque décorait leur salle de réunion. *Philadelfis vita*, signifierait : Longue vie aux Philadelphes ! Vivent les Philadelphes ! Je n'y vois nul inconvénient.

J'en vois encore moins à ce qu'une autre mosaïque ait pour sujet le Dieu Nérée enlevant la nymphe Doris sous les yeux de sa mère. J'ignorais, je l'avoue, ce rapt impudent ; ce qui est certain c'est que la tête de la mère ou soi-disant mère est superbe et exprime une angoisse émouvante.

Les autres objets du musée sont nombreux mais banals, fragments de statues, poteries, ferrailles, clefs, armes rouillées, verres cassés, tout le bric-à-brac habituel des collections d'antiques.

Notre premier programme était de traverser à mulet l'Aurès, du nord au sud, de Timgad à Biskra. Il nous avait fallu renoncer à cette séduisante excursion de sept ou huit jours, la saison était trop peu avancée, la neige obstruait encore les cols et les montagnes étaient impraticables. Le répartiteur d'impôts de Batna, M. C..., rencontré à l'hôtel de Timgad, nous disait n'avoir pu pénétrer dans l'Aurès la semaine précédente, et ne s'être tiré d'affaire que grâce à son escorte d'une quinzaine d'Arabes qui avait déblayé un sentier.

Force nous était donc de revenir à Batna.

La journée passée à Timgad avait été sombre, aussi avais-je, en prévision du mauvais temps, retenu une place dans la voiture qui, un jour va de Batna à Timgad, et le lendemain de Timgad à Batna.

Confiant dans son manitou, L... avait méprisé cette précaution ; le regretta-t-il quand il vit le ciel chargé de nuages, la route boueuse et la pluie tomber ? Peut-être ; pourtant il n'en fit rien paraître, et courageusement, enveloppé de son manteau, il se mit à suivre la voiture.

Le vent soufflait violemment de l'ouest, la route montait ; aussi, malgré ses efforts, eût-il été bientôt laissé en arrière si je n'avais eu pitié de lui et, accroché d'une main à la diligence, le courageux cycliste put continuer sa route.

Quant à moi je m'instruisais des choses du pays auprès de M. C...

L'indigène seul paie des impôts et ces impôts sont lourds. Outre la capitation personnelle due par tout individu mâle ayant jeûné, c'est-à-dire ayant environ quatorze ans, et qui varie selon la fortune approximative du contribuable de dix à cent vingt francs, une charrue paie quarante-cinq francs, aussi bien le mauvais coutre arabe que la brabant perfectionnée. Si comme le disait M. C... on a ainsi voulu pousser l'indigène à l'amélioration de ses outils, puisque la charrue française fait l'ouvrage de cinq charrues indigènes, le but n'a pas été atteint et la routine l'a emporté sur l'intérêt : l'Arabe a payé, mais n'a pas changé son instrument. Un bœuf paie 3 francs, un mulet 5 francs, une chèvre 0 fr. 25, un mouton 0 fr. 20, et à ces chiffres, il faut ajouter environ 30 0/0 de centimes additionnels.

Sans doute l'Arabe éviterait ces impôts en se

faisant naturaliser Français, mais il lui faudrait faire un an de service militaire et se soumettre au code français; les marabouts lui ont persuadé que c'était abandonner l'islamisme, aussi les naturalisations sont-elles en nombre si minime qu'on peut dire qu'il n'y en a pas.

L'impôt est basé sur le nombre des bestiaux possédés au 1er janvier, mais cette année l'hiver a été désastreux. Avec sa résignation fataliste, son *mektoub* (c'était écrit) et son : *En cha Allah* (comme il plaît à Dieu) le musulman ne prévoit rien, ne prend aucune précaution contre le froid et la disette : ni refuges pour les troupeaux, ni réserves de fourrages. Or, la neige a été abondante, le froid vif, et des troupeaux de cinq cents moutons ont été réduits à une vingtaine.

Les indigènes demandent donc un nouvel inventaire de leurs bestiaux et c'est pour examiner leurs réclamations que M. C... est en tournée.

La mission n'est pas commode, car les pauvres diables (combien ils ont raison !) essaient de tromper le fisc ; malgré les fortes amendes qui frappent les délinquants surpris, ils cachent une partie de leur bétail dans la montagne et le prétendent mort.

Du reste, ils paient facilement et régulièrement ; quelque lourds que soient ces impôts, ils le sont moins que ceux dont autrefois les chargeait le bon plaisir des cheicks.

Tout en devisant nous avions dépassé Lambèse et atteint Batna, où L... fatigué et cuirassé de boue, descendait de bécane.

Batna n'a rien d'intéressant ; c'est une ville de garnison fondée en 1844, pourvue d'amples casernes, dont les maisons, presque toutes sans étages, bordent de larges rues droites plantées de platanes que ne verdit pas encore le moindre bourgeon. Un vent aigre fait trouver agréable le feu qui flamboie au buffet de la gare, et pourtant nous sommes au 19 mars.

En quittant Batna, le chemin de fer continue quelque temps à monter dans une région triste et rocheuse; il atteint 1080 mètres, c'est son point culminant. Maintenant nous quittons le bassin de la Méditerranée et nous allons descendre vers le Sahara ; les eaux que nous rencontrerons, quand elles ne se perdront pas dans les sables, seront tributaires du chott Melrir, tout là-bas dans le désert, à cent kilomètres au sud de Biskra.

Rien cependant jusqu'ici n'annonce l'approche des « pays chauds ». La contrée est toujours désolée, sauf aux alentours des stations, et si le ciel s'éclaircit, la température reste aussi froide.

Les montagnes jaunes se rapprochent, nous longeons de profonds et capricieux ravins creusés par les eaux, et aujourd'hui complètement à sec ; à droite et à gauche, des rochers forment une sorte de muraille ; encore quelques kilomètres et nous sommes à El-Kantara.

Le flot des touristes ne s'arrête guère à El-Kantara et seuls nous descendons à la petite gare. Que leur faut-il donc à ces touristes et croient-ils qu'un rapide coup d'œil jeté de la voie ferrée leur permet de se rendre compte de la beauté du défilé et de l'oasis?

El-Kantara a un excellent hôtel, l'hôtel Bertrand, au milieu de bosquets verdoyants où se balancent les premiers palmiers, à un endroit où la gorge resserrée subitement ne laisse plus place qu'au torrent et à la route ; encore celle-ci a-t-elle été conquise sur le rocher.

Quant au chemin de fer, il s'engouffre dans un tunnel.

Cette gorge d'El-Kantara est superbe. Elle commence mal : un lourd et vilain pont de pierre qui n'aboutit à rien et ne rime à rien, la tache que les ingénieurs ne manquent jamais de jeter sur les beaux sites qu'ils peuvent atteindre.

Mais ensuite elle prend une grandeur sauvage qui rappelle les gorges des Schœllenen en Suisse. Si les rochers des Schœllenen sont plus hauts ils ne sont pas plus abrupts, plus nus ; si la Reuss roule autrement d'eau que l'oued Kantara celui-ci est pourtant un véritable torrent et ne ressemble en rien aux oueds desséchés rencontrés depuis Constantine. Et comme ces roches sont nuancées, si roses, si rouges, si brunes, si belles en un mot !

Le défilé est court, cinq ou six cents mètres.

Il cesse brusquement. Vous marchez dans une gorge alpestre : un pas de plus, la plaine se déroule devant vous immense, et, tout de suite à vos pieds, comme un décor déployé subitement par un machiniste sublime, l'oasis, les palmiers, toute la folle et serrée végétation du sud algérien.

C'est le *Foum-es-Sahara*, la porte du Sahara, disent les indigènes. Porte d'or, ajoute Élisée Reclus après Fromentin, et Arabes, peintre et géographe ont raison. La transition est subite, inattendue comme celle d'un appartement sombre à la clarté du soleil par une porte brusquement ouverte. Quand nos colonnes débouchèrent ici pour la première fois, elles s'arrêtèrent « dans une subite admiration et « les musiques se mirent à jouer d'enthou-« siasme ». Je comprends cela, ajoute Fromentin ; nous aussi.

L'oasis d'El-Kantara qui compte quatre-vingt-dix mille palmiers doit la vie à la rivière qui le traverse. Pas de sources comme dans le Djérid, pas d'eaux sortant de terre au pied des talus sablonneux, rien que l'oued. Supprimez-le, c'est le désert. C'est l'oued qui par mille artères va porter l'eau bienfaisante jusqu'aux coins les plus éloignés. Partout où elle atteint, c'est la vie ; là où elle manque, c'est la mort.

Avec son majestueux arrière-plan de rochers verticaux, son large torrent semé de cailloux blancs sur lesquels se penchent les dattiers, l'oasis d'El-Kantara laisse un souvenir inoubliable. Le peintre Guillaumet l'a fixé dans un de ses *Tableaux algériens* et si enthousiaste qu'elle soit, la description qu'il en donne n'a rien d'exagéré : il y a là des coins délicieux, des abris verdoyants qu'on ne retrouve pas ailleurs.

Trois villages peuplent l'oasis ; nous visitons d'abord sur la rive droite de l'oued, Dahrouia, dit le village rouge, nom qu'il doit à la couleur de ses briques. C'est le village arabe classique, celui que nous avons déjà vu dans le Djérid tunisien : des maisons basses en pisé ou en briques, des murs croûlants, des rues (sont-ce des rues, mais quel nom leur donner ?) tortueuses, étroites ici, larges dix pas plus loin, pas de bazars, pas de boutiques, aucun marché, un misérable minaret carré, des fiévreux grelottant dans des encoignures, des aveugles se traînant le long des murailles, des chiens aboyant dans les cours au bord des terrasses et de longues files d'Arabes immobiles au soleil le long des murs ou couchés sur les nattes d'alfa des cafés.

Immobiles, certes, et même les enfants.

Nous avons laissé nos vélos au milieu d'un groupe de gamins, contre un mur, vis à-vis la masure où nous avons bu le kaoua exquis, et dans deux heures nous les retrouverons tels que nous les avons laissés; les enfants n'auront même pas fait tourner une pédale!

Ahmed, notre guide, parle bien le français. L... l'avait pris à l'hôtel et quand il m'avait rejoint dans l'oasis (partir en même temps que moi l'eût déshonoré), j'avais congédié le mien.

Fier de cette préférence, Ahmed voulut la justifier et nous emmena chez lui. Nous avions déjà vu plusieurs intérieurs arabes, celui d'Ahmed ne différait pas des autres: dans le couloir d'entrée blanchi à la chaux une main peinte pour conjurer le mauvais œil, des cornes suspendues au mur dans le même but, un réduit obscur avec le moulin à café ou plutôt le pilon et l'auge arrondie dans lequel on le moud, et enfin au fond d'une courette la chambre avec un lit bas, des nattes et un banc.

La femme d'Ahmed est jeune, dix-huit ans, nous dit son mari; elle est très bronzée, a des sourcils prodigieusement grossis et allongés par la peinture, les ongles et la paume des mains rougis au henné. Elle est vêtue d'une simple robe bleu marine et est coquettement coiffée avec des bandeaux, rehaussés de bijoux ; sa toilette a dû lui prendre beaucoup de temps. Elle est assez jolie, et il faut que la fréquentation des Européens ait bien influé sur son mari pour qu'il nous la laisse voir ainsi. Nous n'avons garde d'ailleurs de faire le moindre compliment, ce serait une injure.

Les montagnes d'El-Kantara renferment nombre de sites remarquables; ne pouvant les visiter tous, nous choisîmes les gorges de Tilatou.

Partis de bonne heure par le chemin de fer, nous descendions à la station des Tamarins à vingt-quatre kilomètres d'El-Kantara ; nous y trouvions Ahmed et les mulets qu'il nous avait amenés.

L'entrée des gorges est environ à une lieue de la station. Tout de suite la montagne vous enveloppe, vous saisit, et nous admirons l'adresse de nos mulets. Il faut s'en rapporter complètement à eux : les guider serait provoquer une chute sur ces roches glissantes où l'animal ne lève un pied qu'après avoir prudemment assuré un autre.

Il serait au surplus difficile de les diriger là où ils ne veulent pas aller. Un morceau de fer avec une corde à chaque bout, voilà le mors que rien n'assujettit dans la bouche de l'animal et qui vient à vous dès que vous tirez de côté, aussi mieux vaut laisser le mulet libre, et c'est ce que nous faisons.

Les pentes des montagnes sont rocailleuses et buissonneuses. Si les sommets se redressent assez fièrement formant de chaque côté une muraille ininterrompue, au-dessous ce ne sont qu'éboulis et amas de cailloux tombés des hauteurs.

Au fond du ravin coule un ruisseau qui murmure sous les pêchers, les pommiers en fleurs, les saules pleureurs, les palmiers et d'énormes lauriers roses qui malheureusement ne montrent même pas encore leurs boutons. De l'orge, des fèves occupent l'espace libre, parcimonieusement mesuré, car il ne s'étend guère sur plus de quatre à cinq mètres de chaque côté du ruisseau, entre les deux versants incultes.

Bientôt, le long de la muraille au flanc de laquelle nous marchons, nous apercevons au loin des taches plus foncées, étagées les unes au-dessus des autres : « le village de Tilatou » dit Ahmed. Nous approchons, ce sont bien des maisons ou plutôt des huttes de terre grise, percées d'une seule ouverture et collées au rocher. Des roseaux, des joncs, quand ce n'est pas le roc surplombant, recouvrent ces tanières.

Je descends de mulet mais je recule aussitôt, le terrain a fléchi sous moi ; je suis sur le toit d'une cabane et ce toit, chargé de gravier, n'est qu'une couche de branches de palmier. Au-dessus, au-dessous, d'autres huttes semblables sont dispersées au hasard des anfractuosités du rocher ; il est des demeures plus primitives encore, un trou dans le roc caché par une claie de branchages.

Des gens vivent là sans communication avec personne, ne voyant que les rares touristes attirés par l'étrangeté de leurs habitations et ne possédant que quelques chèvres nourries de l'herbe maigre de la montagne.

Ils nous regardent, indifférents. Que leur importe ces badauds dont ils ne comprennent pas la curiosité ? Ils ne se dérangent même pas pour laisser passer nos mulets.

Sur l'autre versant du ravin, à différentes hauteurs, s'ouvrent des cavernes inaccessibles. C'est là que, lors des razzias des nomades du sud, les indigènes se réfugiaient en grimpant à des cordes qu'ils retiraient ensuite à eux, et ils y attendaient en sûreté que les envahisseurs aient regagné le désert. Plusieurs de ces grottes sont encore habitées et les deux points blancs que nous voyons là-haut piqués contre la noirceur du roc vertical sont deux indigènes assis à la porte de leur «maison», sur quelque étroite saillie invisible à cette distance.

Un peu plus loin, nous sommes au bord du ruisseau sous des pêchers en fleurs et nous déballons nos provisions. Les mulets laissés libres fourragent la petite prairie, nous déjeunons : il est midi.

Le ciel si pur le matin s'est peu à peu couvert et des gouttes de pluie nous troublent un moment, mais nous en sommes quittes pour quelques averses peu dangereuses.

Nous pouvons donc, sans trop d'ennuis, continuer notre excursion et même nous arrêter une demi-heure devant une vaste caverne qui aux temps préhistoriques a déjà dû abriter des hôtes à peu près semblables à ceux qui l'occupent aujourd'hui.

Tout cela grouille, piaille, réclame des « sordi » et parmi cette guenillerie il y a des hommes superbes et des fillettes aux yeux et aux bras admirables.

Sont-ce des sédentaires, ou des Bédouins? De quoi vivent-ils ? Nous ne leur voyons ni chèvres, ni outils. Que font-ils ? Ahmed ne peut nous renseigner. La seule chose qu'il sait, c'est que le trou « est toujours plein ».

On sort des gorges de Tilatou par le lit même du ruisseau qu'une digue en pierres maintient à une assez grande hauteur contre le rocher, chemin qui ne paraît pas du goût de nos montures, chose compréhensible, car je ne sais comment elles arrivent au bout.

Heureusement pour elles et pour nous ce mauvais pas franchi, nous retrouvons la plaine et pendant huit kilomètres la bonne route d'El-Kantara.

Nous sommes de retour à l'hôtel dès trois heures, aussi retournons-nous à l'oasis pour visiter le village noir, qui ne nous semble pas plus noir que le village rouge.

Longtemps nous parcourons ces ruelles bordées de maisons sans autres ouvertures à l'extérieur que la porte, et dont les gouttières, branches creusées de palmiers s'avançant loin des murailles, laissent tomber sur nos têtes l'eau des terrasses.

Aux angles de ces murailles on rencontre souvent une dalle dressée ou une pierre taillée régulièrement, débris romain sans nul doute puisque sur l'une d'elles nous distinguons des lettres latines, un F et un R au milieu d'un mot illisible.

Bien plus, dans le café où nous entrons, deux colonnes en marbre soutiennent le toit et certes elles ne sont pas l'œuvre des Arabes. Une d'elles a conservé une partie de son chapiteau où s'enroule une volute ionique.

Ce café est rempli d'indigènes. Dans le fond, plusieurs, étendus sur les nattes, dorment paisiblement, d'autres font cercle autour de deux vieux Arabes qui jouent aux dames ; un grand nombre enfin, assis le long des murs, fument paisiblement une cigarette devant leur petite tasse de café et écoutent le concert de deux musettes et d'une darbouka.

L'un des musiciens file des sons prolongés et il semble que son effort tend surtout à longtemps retenir son haleine ; du reste, aucun signe, aucun geste ne témoigne des sentiments des auditeurs.

Les musettes pleurent ou chantent, la darbouka résonne ou se tait au milieu de l'indifférence, ou du moins de l'impassibilité la plus absolue.

Des enfants nous attendent à la porte pour nous crier : « Bonjour ! Bonjour ! » Beaucoup parlent français, car une école française est ouverte ici et a de nombreux élèves. Cependant, si elle n'est pas obligatoire, l'instruction n'est pas gratuite non plus et le maître est rétribué par ses élèves.

En disant que l'instruction n'est pas obligatoire, j'ai voulu parler de l'instruction française, car un bon musulman doit savoir lire le Koran ; Ahmed m'affirmait même que le Koran en faisait un devoir : je n'ai pu y trouver cette prescription.

Quoi qu'il en soit, partout, dans les plus humbles villages, vous trouvez de ces *mécid* où, en cercle autour de leur maître accroupi comme eux, les enfants tenant des cartons se balancent en répétant tous à la fois les mots du livre sacré pendant que le maître, la baguette à la main, surveille la monotone et machinale récitation. C'est toute l'instruction arabe, et l'étudiant qui a passé quatre ans à la medersa du Caire n'en sait guère plus que ces bambins.

La pluie, qui nous force à hâter le pas pour rentrer à l'hôtel Bertrand, modifie nos projets.

Puisque nous n'avions pu le faire de Timgad, nous voulions d'El-Kantara gagner Biskra par l'Aurès, mais comment nous engager dans la montagne par le mauvais temps? Nous décommandons donc les mulets déjà retenus.

Ce n'est pas l'affaire d'Ahmed qui comptait nous accompagner dans l'Aurès, aussi le lendemain matin est-il là avec ses mulets. « Il fera « un temps superbe, dans une heure le soleil « sera radieux, il le jure ; qu'il ne revoie « jamais sa femme s'il ne dit pas la vérité ! Ces « nuages-là vont disparaître, aussi n'a-t-il pas « hésité à nous désobéir, il a amené les bêtes, « nous n'avons qu'à monter, il tient l'étrier. » Le pauvre Ahmed en est pour ses frais d'éloquence ; il a trop plu pendant la nuit, le ciel est trop menaçant, nous renvoyons les mulets et nous prenons le train.

La voie continue à descendre. Batna est à 1.047 mètres d'altitude, El-Kantara à 538, Biskra seulement à 122. Les montagnes de l'Aurès s'alignent sur la gauche et on y distingue facilement le Djebel Gharribou, une montagne de sel poussée là par je ne sais quelle fantaisie géologique.

Çà et là dans la plaine des plantations, des cultures importantes, des champs d'orge, des troupeaux de moutons et une heure et demie après avoir quitté El-Kantara nous débarquons à Biskra.

Biskra doit son nom à la cité romaine Bescera dont il ne reste absolument rien.

La ville maure qui lui succéda et que le duc d'Aumale occupa en 1844 est bien modifiée. Biskra est aujourd'hui une ville presque toute moderne, cosmopolite, et l'hiver elle reçoit une nombreuse colonie.

Biskra possède tous les « agréments » de la ville d'eaux : luxueux hôtels, casino, magasins de « souvenirs » tout ce qu'on trouve à Vichy et à Biarritz.

Pour ne pas renier complètement la couleur locale on a donné au casino la forme d'une mosquée ; l'hôtel de ville, très réussi d'ailleurs comme pastiche, réunit sur sa façade des échantillons fantaisistes de tous les styles arabes et les hôtels ont leurs cours entourées d'arcades mauresques, l'un d'eux a même un minaret ! Enfin « une fois par semaine la colonie étran-« gère peut au Casino assister aux danses des « Ouled-Naïls sans avoir à craindre la promis-

« cuité avec les Arabes dans les cafés maures. »

Vous pensez comme tout ceci est notre affaire à nous qui recherchons cette « promiscuité » ! Aussi avons-nous bientôt parcouru ces rues tirées au cordeau et même le jardin public, coquet certes avec ses caroubiers en berceaux, ses orangers touffus et ses palmiers, mais trop bien aligné, trop peigné, trop « parc Monceau ».

Un orage violent nous force soudain à le quitter et à nous réfugier dans un café maure au milieu de la « promiscuité arabe ». Tonnerre, éclairs, averses diluviennes, rien n'y manque, et quand nous pouvons quitter notre abri, les chemins détrempés sont couverts d'une boue abominable.

Trois kilomètres nous séparent du « vieux « Biskra » et ils sont rapidement franchis grâce au tramway qui suit la route jalonnée déjà de plusieurs villas. A peu près à mi-chemin s'élève un hôpital fondé par le cardinal Lavigerie et qui devait être le quartier général des « frères « armés du Sahara ».

Le grand cardinal (l'histoire lui donnera ce nom) fut un des fervents hôtes de Biskra et la ville reconnaissante lui a érigé une statue très théâtrale et qui par conséquent doit ressembler à son modèle car on sait que le cardinal aimait l'apparat et se promenait volontiers tout vêtu de pourpre. Il avait su se faire aimer des indigènes et notre nouveau guide, Ali, un type singulier dont j'aurai à parler, disait de lui : « C'était un bon homme, un vrai bon homme ! » L'hôpital où les Arabes sont soignés gratuitement n'est pas étranger à cette vénération.

Un peu plus loin est le jardin Landon, une merveille, assure-t-on, quelque chose comme le jardin des îles Borromées, mais cette merveille est fragile, on ne la visite pas les jours de pluie ! Nous en avons peu de regret; à ces jardins d'étagère qui craignent une tache de boue et dont les arbres sont sans doute époussetés chaque matin, combien nous préférons la libre végétation des oasis !

Le tramway s'arrête au pied d'une butte surmontée de murailles en terre et de tours effondrées : c'est un fort turc construit au XVIe siècle par Hassan Aga et dont la pluie achève la lente destruction.

Du haut de la butte où s'étalent ces lamentables ruines la vue est fort belle et s'étend sur une grande partie de l'oasis.

Cette oasis est arrosée par des saignées faites à l'oued qui descend d'El-Kantara et prend ici le nom d'oued Biskra. Si l'oued tarit, c'en est fait des palmiers et cette menace est toujours suspendue sur la tête des indigènes. Qu'ils se soulèvent, qu'ils tentent de renouveler le massacre de 1846, et du fort Saint-Germain, la citadelle de Biskra, le commandant détournera la rivière et la jettera dans le désert.

L'oasis renferme six hameaux dont l'ensemble est connu sous le nom de vieux Biskra. Ils ont conservé intacte la physionomie des villages arabes les plus reculés; chaque détour des rues ménage une surprise au visiteur, tantôt ce sont des palmiers dont les cimes se rejoignent sur vos têtes, tantôt une porte mauresque. Ici, au bord d'un ruisseau un olivier centenaire courbé laisse entrevoir le minaret de la mosquée de Sidi Malek et nul peintre ne pourrait souhaiter décor plus séduisant; là, c'est le tombeau de Sidi Lhassen coiffé d'une sorte de dôme en forme de poire bossuée. Derrière ces palmiers, voici le marabout de Sidi Zergour avec une étrange koubba, tout blanc au milieu d'un cimetière dont les pierres hérissent le sol, un peu plus loin nous escaladons le minaret carré de la mosquée de Sidi Moussa. Partout c'est la vie arabe : le muezzin invoque Allah du haut d'une terrasse, les indigènes marchent lentement ou dorment au soleil, les femmes se voilent aussitôt qu'elles nous aperçoivent, et les gamins accourent en criant « sordi, sordi ! »

Ceux-là savent fort bien aussi demander en français et parmi les cinq ou six qui se sont faits nos compagnons, deux lisent même assez couramment; aussi l'un d'eux voudrait-il venir à Paris. Il ne sait rien faire : qu'importe, il est persuadé qu'il y ferait fortune. Est-ce qu'à Paris tout le monde n'est pas riche?

Le désir de faire fortune, le mécontentement de leur sort, voilà le profit que ces bambins ont retiré de l'école française. Combien sont plus heureux ceux-là qui, à peine vêtus de haillons, nous regardent de loin, et déjà, comme leurs pères, s'étendent au soleil et dorment le long des murs !

On ne vient pas à Biskra sans voir les Ouled-Naïls. Les Ouled-Naïls sont la gloire de Biskra. Tout le monde sait comment elles gagnent leur dot : c'est la coutume dans la tribu qui habite aux environs de Laghouat. Quand une fille après quelques années revient au pays avec un triple collier de sequins d'or, on ne lui demande pas comment elle se les a procurés et elle peut prétendre aux plus beaux partis.

A Biskra, assure l'aimable hôtelier des Zibans, il n'y a que trois ou quatre authentiques Ouled-Naïls ; cela n'empêche pas que la rue où demeurent les prostituées s'appelle la rue des Ouled-Naïls (la rue Sainte, disent les Arabes), et qu'il ne soit obligatoire d'aller y passer une soirée dans un des cafés où ces dames exécutent la danse du ventre.

Nous ne manquâmes pas à ce devoir, je ne dis pas à ce plaisir. A Biskra, à Tunis, au Caire, la danse du ventre ne m'a jamais séduit, et nous la revoyons ici telle que nous l'avons déjà vue : des déhanchements obscènes et disgracieux mimés aux sons de l'éternelle et monotone musique arabe scandée par les coups de la darbouka.

Les danseuses sont richement habillées; elles portent des bijoux aux oreilles, au front, aux bras et aux jambes, et le nombre des louis suspendus à leurs cous fait présumer qu'elles ne tarderont pas à pouvoir convoler en justes noces; l'une d'elles, nous affirme Ali, n'appartient pas au beau sexe, malgré son costume féminin. Elles sollicitent les Européens présents d'allonger leurs colliers: deux ou trois touristes se laissent aller d'une piécette d'argent, mais mon compagnon et moi demeurons incorruptibles.

Dans la rue le spectacle est peu intéressant. A Constantine, dans ces ruelles sordides, tortueuses, à peine éclairées, cette foule bruyante, ces filles derrière leurs grilles, ces portes entr'ouvertes étaient amusantes; c'était un coin de vie, peut-être pas très moral, mais à coup sûr très oriental.

Ici, dans cette rue tirée au cordeau, bordée de trottoirs réguliers, avec ces portes ouvertes donnant accès sur un raide escalier au bas duquel, à côté d'une bougie qui fait luire sa ceinture d'argent large comme une cuirasse, l'Ouled-Naïl, vraie ou fausse, presque toujours laide et ridée, assise sur une marche, attend l'amateur, le spectacle est banal et répugnant.

Les Arabes eux-mêmes semblent en avoir

conscience, et au lieu d'entrer fièrement comme à Constantine, ils se glissent presque en cachette, comme honteusement. Que diable tout cela a-t-il de si curieux? Nous n'y retournerons certes pas, malgré la satisfaction d'amour-propre que nous avons pu goûter en nous entendant appeler « gros chéri ».

Dans une rue voisine, un café regorge sinon de consommateurs, du moins d'auditeurs : sur une estrade un Arabe lit avec une volubilité incroyable, et devant lui, serrés et muets, soixante musulmans écoutent. Que lit-il ? Les exploits d'Antar, l'Hercule arabe qui, même après sa mort épouvantait les ennemis, ses fils ayant lié son cadavre sur un cheval qu'ils guidaient aux combats. Et ces aventures fantastiques semblent passionner les auditeurs qui ne quittent pas de l'œil le lecteur. Celui-ci continue à lire, avec quelle rapidité! Les feuillets tournent à chaque instant sous sa main. Il lit d'ailleurs, cela se sent, avec intelligence ; il module sa voix et s'accompagne parfois de gestes énergiques. C'est un lecteur de profession et chaque auditeur lui doit une petite rémunération.

Que recevrait un artiste qui, dans un café parisien, lirait la Chanson de Roland et les exploits de l'empereur « à la barbe florie ? »

Peu de touristes vont à Biskra sans pousser jusqu'à Sidi-Okba, une oasis de 60.000 palmiers à vingt-deux kilomètres. Après l'orage de la veille je voulais m'y rendre en voiture ou à mulet. L... insista tellement que je partis à vélo avec lui.

A cinq cents mètres de Biskra nous sommes arrêtés par l'oued, peu profond mais large. Nous parlementons avec un indigène qui mène boire ses mulets pour qu'il nous transporte de l'autre côté, nous et nos vélos. Il réclame un prix exagéré pour un si modeste trajet ; nous offrons deux francs, il refuse et tandis que nous croyant à sa merci il nous regarde d'un air narquois, L... se lance à vélo dans l'oued. Comment, parmi ces galets et ces quartiers de roches, dans cette eau trouble et rapide qui atteignait le moyeu de sa machine, parvint-il sans « pelle » à l'autre bord, je ne sais.

Moins jeune et moins adroit, je me préparais simplement à traverser l'oued la bécane sur le dos, quand, une voiture survenant, j'en profitai pour gagner l'autre rive aux yeux de l'indigène déconfit.

Nous n'étions guère plus avancés; la route était abominablement détrempée, impraticable. Le manitou vint encore à notre aide ; l'orage d'hier avait tourné vers le sud et à un kilomètre du gué la route devenait cyclable, non certes comme celles de Bourgogne ou de Normandie, suffisamment pourtant pour une route des Zibans.

Nous pouvions du reste appliquer le système de nos charretiers, passer à côté. A côté, ici, c'est le steppe de Gafsa retrouvé, un terrain argileux, plat, parsemé de touffes d'*harmels*, de *metenams* aux tiges grêles et blanches et d'une herbe verte et flexible dont j'ignore le nom, piste merveilleuse où nos vélos roulent semant la terreur parmi des centaines de lézards qui, devant cet ennemi inconnu, s'enfuient effarés.

Nous atteignons ainsi l'oasis. « Vous ne trou« verez rien à Sidi-Okba », nous avait-on dit, et nous avions apporté des provisions.

Il y a pourtant à Sidi-Okba un restaurant, mieux que cela, une guinguette, une vraie guinguette de la banlieue parisienne, avec des berceaux, des bosquets, des treillages verts et même, ô civilisation ! des boules de verre coloré suspendues.

Oh ! la bonne heure passée là, sous la tonnelle parfumée de jasmins et de rosiers ombragés de palmiers !

Sidi-Okba doit son nom au fondateur de Kairouan. Après avoir atteint l'Atlantique il regagnait l'Orient, trainant à sa suite de gré ou de force, l'histoire n'est pas claire, un berbère de l'Aurès, Koceïla. En traversant son ancien royaume, celui-ci se révolta et Okba périt avec tous ses compagnons à l'assaut de Thérida, auprès du chott Melrir.

Son tombeau attire un grand nombre de pèlerins. La mosquée est en même temps une médersa et dans les cours, entre les entrecolonnements, dans les coins, des étudiants de tout âge, isolés ou groupés, ânonnent à haute voix les versets du Koran. Ils sont, paraît-il, quatre cents.

La mosquée est vaste ; des colonnes, quelques-unes antiques, la divisent en sept nefs. Près du mihrab, protégé par un treillage devant lequel deux musulmans sont en prière, nous apercevons le tombeau vénéré ou plutôt les étoffes vertes et blanches qui le cachent entièrement.

Quant à la mosquée qui est, dit-on, le plus ancien monument de l'Islam en Algérie, elle est d'aspect misérable et n'a absolument rien d'intéressant pour le voyageur ; seul le minaret carré et crénelé, reconstruit nouvellement, a des arcatures qui ne sont pas sans grâce.

La ville vaut la mosquée. Aussi délabrée que Tozeur, elle n'a pas ses jolies maisons aux appareils variés ; c'est un assemblage de masures de terre où pas une porte, pas un pilastre, pas même un loquet, rien enfin ne mérite un regard.

Ce n'est pas à dire que la visite n'en soit pas à faire : ces masures à demi effondrées, ces murailles grises ajourées à peine de quelques étroites fenêtres, ces terrasses qui allongent au-dessus de nos têtes les tentâcules de leurs longues gouttières de bois, ces échoppes protégées du soleil par d'inénarrables loques, ces quartiers de chèvres et de moutons qui, saignants, pendent aux étals des bouchers auprès des têtes coupées sous un bourdonnement de mouches noires et ont laissé aux murs blanchis de chaux de longues traînées rougeâtres, cette foule d'ânes, de mulets, de chameaux qui aujourd'hui, jour de marché, se pressent dans le dédale tortueux des ruelles, tout cela forme un ensemble des plus pittoresques.

Les rues de Sidi-Okba sont particulièrement vivantes et on se demande comment une population si nombreuse peut vivre dans cette petite oasis. Le marché regorge de fruits, de légumes, de gâteaux, de grains divers amoncelés devant les vendeurs, et dans les cafés nous pouvons jouir largement de cette « promiscuité arabe », terreur des touristes de Biskra.

A ce propos une réflexion. « Prenez du « pirèthre en quantité, nous avait-on dit, vous « en aurez besoin, surtout si vous approchez « des indigènes. » Nous avions donc emporté ample provision de la poudre précieuse. Est-ce à la saison, est-ce à quelqu'autre cause que nous avons dû notre immunité? Je l'ignore, mais du premier jour du voyage au dernier, nous n'eûmes pas à entamer nos provisions insecticides, pas même à combattre ce que Toppfer appelait les « kangourous sauteurs », et cependant Dieu sait que de fois nous nous sommes assis sur des nattes à l'instant quittées par des indigènes loqueteux, que de fois nous avons eu pour voisins des musulmans qui certes ne pratiquaient pas les cinq ablutions prescrites par le Prophète ! Je n'explique pas, je constate.

Sidi-Okba est à la limite du Sahara ; au sud c'est le désert sans eau, sans routes, infini. Et cependant, du palmier sous lequel nous sommes arrêtés à contempler l'immensité lumineuse sous le soleil, il nous semble à l'horizon apercevoir une oasis, ou plutôt une ligne sombre semblable à une oasis lointaine. « C'est le mirage », nous dit Ali. Deux ou trois indigènes confirment. Chaque jour l'après-midi, quand le soleil brille, cette barre noire apparaît.

Ceci ne ressemble guère aux descriptions de mirage que j'ai lues. Les soldats de Bonaparte en Égypte se précipitaient en avant croyant puiser dans des sources soudain apparues, les voyageurs distinguent des palmiers balancés au vent, des minarets, des lacs, des villes, bien d'autres choses encore, et je me rappelle avoir dans mon traité de physique lu jadis une explication de ce phénomène à laquelle j'avoue du reste n'avoir rien compris.

Si donc ce que nous avons vu à Sidi-Okba est le mirage, il faudrait diablement en rabattre sur ces descriptions ; ou le mirage de Sidi-Okba est une ombre de mirage, ou, chose plus probable, ce n'est pas du tout le mirage, car a-t-on jamais vu un mirage se reproduire quotidiennement à heure fixe ?

Nous aurions pu demander cette explication à l'instituteur, car Sidi-Okba possède une école française. Le bâtiment est à peu près semblable à nos écoles de village : une cour, un préau, deux salles, une pour les plus grands élèves et l'autre pour les petits.

A notre entrée les enfants se lèvent et l'instituteur s'approche, accueillant ; nous causons : est-il satisfait de ses élèves ? Oui, certes ; ils sont intelligents, doués d'une mémoire excellente. En voici la preuve : des enfants de dix ans, après six ou huit mois de classe, nous donnent la réplique en français. Seulement....., il y a un seulement, ils manquent de jugement et ils sont menteurs, mais menteurs effroyablement. Même pris sur le fait, ils nient avec effronterie, avec une inlassable persistance, ils nient toujours. Sans connaître le conseil d'Avinain, ils le mettent imperturbablement en pratique et partout les efforts des maîtres français ont échoué contre ce vice qui semble inhérent à la race. Puis tout à coup vers douze ans, à l'âge où sous ce climat commence la puberté, l'enfant devient paresseux, vagabond, indiscipliné, et ne songe plus qu'à une chose qui n'a aucun rapport avec l'école.

Ce qu'on leur apprend ? A lire, à écrire le français, des notions élémentaires de calcul et quelques mots de géographie. On parait avoir renoncé, du moins dans le sud, à ces abracadabrantes leçons où, c'est Paul Bert qui le rapporte, le maître dictait à ses élèves « les remords de « Frédégonde » et plus récemment faisait réciter devant M. Berthelot et M. Buisson, inspecteur général de l'instruction publique, « la liste des « ministères qui se sont succédé depuis Louis-« Philippe ! » Notre histoire, surtout enseignée d'une manière aussi inepte, n'intéresse guère ces enfants mais il en est autrement de la géographie ; ils connaissent les capitales de l'Europe et les principales villes de l'Algérie et ils nous désignent sur la carte celles que nous leur demandons. Ils aiment les récits de voyage, et connaissent, par quels moyens ? on ne sait, ce qui se passe au dehors ; ce sont ses élèves qui ont appris à l'instituteur la mort de Félix Faure avant qu'aucun télégramme fût parvenu à Sidi-Okba.

L'instituteur nous conduit ensuite dans la salle des petits : la classe est faite par sa sœur, jolie jeune fille de dix-huit à vingt ans, blonde et très gaie. Précisément nous la trouvons riant aux éclats ; elle ne sait pas un mot d'arabe, et tâche de faire comprendre à ses élèves ce que c'est qu'un képi : elle en a dessiné un au tableau et un enfant a dit « casserole » ; de là sa joie.

C'est, on le voit, la méthode Berlitz dans toute sa rigueur, et là, comme ailleurs, elle réussit. La gentille maîtresse d'école est fière des résultats obtenus : « Lève-toi », dit-elle à un bambin de cinq ou six ans et l'enfant se lève en disant : « Je me lève ». « Va au tableau », et l'enfant y va en répétant : « Je vais au tableau », « Dis à ton voisin de lire ce mot », « l'élève répond : « Je dis à mon voisin de lire ce mot », ainsi de suite. Avec cette méthode employée dans les écoles tunisiennes et algériennes l'enfant apprend à substituer un mot à un autre et prouve qu'il a compris. Il comprend d'ailleurs fort bien et je ne sais plus où j'ai lu qu'un maître ayant dicté cette phrase : « Le fran-« çais est une langue belle et facile », le bambin avait écrit : « Le français est une langue « belle mais difficile ». Combien d'enfants de nos écoles primaires auraient cet esprit ?

Nous quittons ces braves instituteurs si isolés, si perdus, en leur souhaitant bonne chance avec leurs élèves, et la petite maîtresse nous envoie son plus gracieux sourire pendant que son frère nous serre la main.

Il est temps de regagner Biskra ; pour éviter les fondrières de la route encore inachevéo, nous prenons sur la droite en plein désert et roulent les vélos ! Le sol est excellent et si nous devons zigzaguer pour éviter les touffes d'*harmels*, cela nous retarde à peine, mais soudain un oued apparaît : impossible de le franchir, la rive est vaseuse, qui sait jusqu'où nous enfoncerions ? Nous nous sommes peu à peu éloignés de la route que nous avons perdue de vue. Va-t-il falloir revenir à Sidi-Okba, tout là-bas ? Quelque ennuyeux que cela soit, il faut nous y résigner ; heureusement au bout d'une heure nous retrouvons la route et, à force pédales, nous roulons vers Biskra. La nuit tombe au moment où nous atteignons l'oued Biskra. L... recommence son exploit du matin avec le même succès et j'ai la chance de trouver sur le bord deux indigènes dont l'un porte ma bécane tandis que l'autre me charge comme un sac de blé et me transporte sur l'autre rive.

Nous rentrons à l'hôtel des Zibans au moment où on allume les réverbères ; la nuit peut venir maintenant, peu nous importe. Loué encore une fois soit le manitou protecteur !

La journée du 23 mars fut remplie par des flâneries en ville sous les allées ombreuses du jardin public et par une nouvelle promenade au vieux Biskra. Nous disons adieu aux villages, au fort turc et à l'oasis, et Ali attache un lambeau d'étoffe au Sidi-Draia, l'arbre fétiche, pour nous porter bonheur, car demain nous partons.

N'ayant pu aller par l'Aurès d'El-Kantara à Biskra, nous irons de Biskra à El-Kantara. Nous avons expédié nos bicyclettes et nous avons retenu des mulets.

CHAPITRE VII

L'AURÈS.

Quand le matin nous vîmes arriver ces mulets conduits par une dizaine d'Arabes, nous hésitâmes. Comment ces bêtes misérables, étiques, couvertes de crottin et de fumier auraient-elles la force de nous porter ? Et quels *berdâs !* Usés, un paquet de haillons. Enfin nous nous décidons : nos couvertures repliées remplacent les étriers absents et nos provisions s'entassent dans les *telis,* ces doubles sacs jetés en travers du berdâ. Si les mulets ne peuvent marcher, nous les quitterons ce soir et nous en chercherons d'autres à l'étape : « N'ayez « peur, bonnes bêtes », dit Ali. Il n'en sait absolument rien, il a trouvé des Beni-Ferrah qui rentrent chez eux et il a loué leurs mulets, voilà tout. Les mulets, il ne les connaît pas plus que nous et cependant il se trouve avoir raison ; ces animaux d'aspect si lamentable étaient robustes et ne fléchirent pas une fois sous le poids pendant les quatre jours de l'excursion. Dieu sait pourtant si la route fut dure et montueuse mais ils semblaient avoir des sabots prenants et s'accrocher aux anfractuosités des rochers ; bien entendu, ils n'étaient pas ferrés.

Notre caravane ne payait guère de mine : des mulets piteux, harnachés de cordes et de haillons, huit indigènes plus loqueteux les uns que les autres, Ali et nous.

Les maîtres des mulets nous accompagnent, ils mettront trois jours de plus pour rentrer chez eux, qu'est-ce que cela? *Time is money* n'est pas arabe.

Aussitôt Biskra quittée et quelques maigres champs d'orge traversés, nous entrons dans la plaine pierreuse qui s'étend jusqu'aux premiers contreforts de l'Aurès, plaine aride où poussent seulement ces herbes rudes, que les Arabes nomment *veda*, si grises et si desséchées qu'on ne sait si elles vivent.

En approchant de la montagne, la plaine se vallonne et le long d'une étroite rigole nous rencontrons une trentaine d'indigènes qui se livrent à une occupation étrange. A l'aide de feuilles de palmiers ils balaient le sol jusqu'à la rigole, tandis que l'un d'eux frappe l'eau à tour de bras et que d'autres mettent le feu aux touffes d'herbe.

C'est que des sauterelles ont été signalées,

et en effet le sol est criblé d'une myriade de taches noires grouillantes, grosses à peine comme des mouches ; ce sont les terribles insectes. Nymphes encore, elles ne peuvent que sautiller, c'est le moment de les combattre; dans quelques jours elles auraient des ailes, prendraient leur vol et iraient s'abattre sur Biskra.

Elles ne paraissent pas extrêmement nombreuses et ne couvrent guère le long du ruisseau que deux ou trois cents mètres, peut-être les combattants réussiront-ils à les détruire.

Quelquefois, on le sait, le nombre des acridiens est tellement formidable que des centaines d'indigènes, aidés de compagnies de soldats, ne parviennent pas à endiguer l'invasion; alors c'est un désastre, tout est dévasté, rongé, anéanti.

Heureusement ces accidents deviennent plus rares depuis que les Européens, à la résignation musulmane et au *mektoub*, ont opposé la fière devise romaine : « Aide-toi, le ciel t'aidera. »

Un peu plus loin, dans un repli de terrain, nous trouvons la petite oasis de Branès : quelques milliers de palmiers autour d'un hameau. Il est midi, nous choisissons un tapis vert à l'ombre de palmiers et d'eucalyptus, sur le bord d'un ruisseau tapageur et clair ; nous déballons nos provisions et nos compagnons vont au village acheter les quelques dattes suffisantes pour leur repas frugal. Quant aux mulets, sans aucune gène ni respect du bien d'autrui, ils broutent à côté de nous l'herbe épaisse du pré. Des indigènes arrivent et les regardent sans rien dire. Avec nos idées françaises si particularistes, si « propriétaires » nous ne comprenons guère cette intrusion si aisément acceptée, cette dîme prélevée autoritairement par l'étranger, cette hospitalité si démesurément large qu'on l'escompte sans même aviser l'hôte.

Nous demandons des explications à Ali. Il répond : « Ça se fait comme ça »; nous ne pouvons en tirer autre chose.

Un type, cet Ali ! Pas beau, très brun, il est né aux environs de Biskra, et la fréquentation des étrangers en a fait un singulier individu. Les prescriptions du Koran, il s'en f... (*sic*) ; il boit du vin, mange du porc à la barbe de ses compagnons, il en mangerait à la barbe du Prophète, mais plus tard il ira à la Mecque et cela lui vaudra l'absolution plénière. Il se fixera même à la Mecque, car « la Mecque « est une grande ville, la plus belle ville du « monde, et là on gagne de l'argent tant qu'on « veut. » N'essayez pas de le détromper, il ne vous croirait pas. Tout comme son homonyme de Kairouan il sait que les Juives, la nuit, rendent des vers par la bouche et la preuve c'est qu'un capitaine de Batna a renvoyé sa maîtresse parce qu'une nuit il a vu des vers grouiller entre ses dents. N'est-il pas certain aussi qu'à regarder la lune l'œil devient malade et tomberait si on la regardait pendant une heure? L... combat ces superstitions, moi pas, au contraire; je les trouve amusantes et je me plais à les confirmer : les vers des Juives, c'est exact, seulement en Europe, elles les font rentrer avec une drogue qu'elles prennent chaque soir et c'est pour cela que beaucoup de Français ignorent qu'elles en ont. « Là, voyez-vous, dit triomphalement Ali à mon compagnon, je savais bien! »

Pourquoi désillusionner ce brave homme? Est-ce que chaque jour, en Europe, nous n'entendons pas des gens dire des choses aussi bizarres et les contredisons-nous pour cela?

Branès est déjà dans une région accidentée, et à quelques centaines de mètres plus loin on entre dans le massif de l'Aurès. Il s'annonce par une brèche ouverte entre deux croupes rocailleuses par laquelle s'épanche un oued large. l'oued Abdi, rapide et assez profond puisque, en le traversant, nos mulets ont de l'eau jusqu'au ventre.

Dès lors c'est une succession ininterrompue de montées et de descentes sur le flanc des montagnes abruptes et rocheuses, et de traversées de l'oued dont par moment nous empruntons le lit; le pays devient de plus en plus sauvage, les montagnes succèdent aux montagnes, la solitude est absolue et rien ne rappelle l'existence de l'homme.

Enfin le soir, au pied des montagnes roses dont le soleil abaissé teint le front d'un rose plus vif encore, nous apercevons une longue tache verte semblable à quelque immense serpent déroulé dans le ravin : c'est l'oasis de Djemorah.

Au centre, sur un mamelon qu'enveloppent les replis du serpent vert, sont échelonnées les maisons grises et basses d'un village. Des coups de feu retentissent : une centaine d'indigènes sont assemblés devant une des maisons. « C'est une noce », dit Ali. Soudain la fusillade cesse, les gens de la noce s'arrêtent. Qu'y a-t-il ? On nous a vus et on s'inquiète. Ne sommes-nous pas des contrôleurs, des « persécuteurs », comme disent nos paysans ? Ali nous l'explique, il est interdit aux Arabes d'avoir des armes à feu et de la poudre ; les exceptions ne sont autorisées qu'avec difficulté. Or, ces prescriptions ne sont guère observées, témoin les coups de feu entendus, et les indigènes, à notre vue, ont caché leurs armes. Bientôt rassurés, ils les reprennent et la pétarade recommence.

Encore une rude montée et nous sommes à l'autre bout de l'oasis, devant la maison du cheick. En Aurès il n'y a ni auberge, ni fondouck, pas même d'abri pour l'étranger ; celui-ci va tout simplement demander l'hospitalité au cheik qui, sans s'enquérir de rien, la donne aussitôt à « celui qu'Allah lui envoie ».

Ici le cheik, Darraji ben Ahmed Hadji, est un homme d'une quarantaine d'années, aux yeux expressifs. « La maison est à nous. »

Bientôt la table est servie: au couscouss et au méchoui nationaux nous ajoutons une boîte de sardines et un morceau de bœuf à la gelée, aussi quand un poulet apparaît nous nous récrions. Qu'importe? « Il a été tué pour vous, dit le « cheik, vous l'emporterez » et il faut accepter pour ne pas froisser notre hôte.

La conversation serait difficile avec lui qui ne sait pas un mot de français si son frère ne nous servait d'interprète. Il nous sert aussi de domestique, car nulle part aucun autre que le cheik ne s'est assis avec nous, et c'est le frère qui nous apporte les plats. Pourquoi? « Ça se fait comme ça » m'a, le lendemain, répondu Ali. Pourquoi cela se fait-il comme cela ? Est-ce honneur rendu à l'hôte; est-ce au contraire que le cheik considère comme un devoir de sa charge de recevoir les étrangers, mais ne veut pas infliger à d'autres qu'à lui la corvée de manger avec les Roumis ? A d'autres plus au courant des mœurs indigènes de se prononcer.

En tout cas, Darraji ben Ahmed ne paraît pas remplir une corvée, il mange de fort bon appétit et boit largement à la bouteille de vin. C'est le seul Arabe à qui j'ai vu commettre cette grave infraction aux lois du Prophète.

Mais je viens de me servir d'un terme impropre ; j'ai dit Arabe et Darraji n'est pas Arabe, il est Kabyle, *Chaouia* pour employer le terme local, et le Chaouia n'a que la religion de commun avec l'Arabe ; encore, notre hôte en est un exemple, met-il beaucoup d'eau dans son vin ou, pour être plus exact, de vin dans son eau.

C'est une chose singulière que, séparés par une cinquantaine de lieues, les deux massifs montagneux de l'Algérie, la Kabylie et l'Aurès, soient habités par une même race qui ne s'est jamais mélangée avec les envahisseurs. Fils des Berbères autochtones, les Kabyles du Djurjura, les Chaouias de l'Aurès parlent la même langue, ont les mêmes mœurs et cependant s'ignorent complètement. Le cheik de Djemorah n'avait jamais entendu parler de ses frères de Kabylie.

Ils habitent comme deux oasis au milieu du désert ou plutôt deux îles que n'ont jamais submergées les flots des conquérants battant leurs falaises escarpées.

Les Romains pénétrèrent bien dans l'Aurès et une inscription sur un des rocs du défilé de Kouga a prouvé à Saint-Arnaud que la sixième légion l'avait traversé dix-huit cents ans avant son régiment, mais ils n'ont jamais pu y asseoir complètement leur domination.

Nous avons vu qu'un roi de l'Aurès, Koceïla, battit et tua Okba; après sa victoire, Koceïla marcha sur Kairouan, s'en empara, mais un second flot de l'invasion arabe le submergea et il périt dans sa défaite.

Le drapeau de l'indépendance fut alors relevé par une femme, une Jeanne d'Arc berbère, Dihia Kahena. Après une éclatante victoire sur le général Hassan, elle voulut, pour se prémunir contre une nouvelle invasion, mettre un désert entre elle et les Arabes : elle ravagea toute la contrée, incendiant les villages, rasant les oliviers de Sousse à Sfax, et de Sfax à Gabès. C'était provoquer de terribles haines. Khaleb, un musulman qu'elle avait adopté, la trahit et guida les soldats d'Hassan. La Kahena fut vaincue et tuée et sa tête envoyée à Bagdad. Ses partisans furent exterminés, et l'islamisme fut définitivement vainqueur.

De nos jours le duc d'Aumale en 1844 poursuivit dans les montagnes de l'Aurès Ahmed, le bey de Constantine, qui s'y était réfugié après la prise de sa capitale, et soumit la contrée. Ce ne fut pas pour longtemps : l'année suivante Bedeau dut faire une nouvelle campagne; enfin en 1848, le colonel Canrobert s'empara d'Ahmed et de sa smala.

En 1849, nouveau soulèvement : le centre

de la résistance était Nara. Le 4 janvier 1850, Canrobert fit donner l'assaut et la prise de la ville fut suivie d'un massacre général qui déshonora notre succès. Nara fut détruite, et Canrobert en fit raser les jardins et tous les arbres.

En 1871, en 1879, l'Aurès se souleva encore: les insurgés furent écrasés à Medina, vers les sources de l'Oued-el-Abiod, et les habitants d'El-Hammam plus compromis, n'espérant pas obtenir l'*ammam* gagnèrent le Sahara. C'était en plein été, la plupart moururent de soif et les survivants, atteints auprès de Négrine par les goums indigènes, furent sabrés jusqu'au dernier.

Cette fois l'Aurès était dompté; Dieu voulait la victoire des Français, c'était écrit!

J'ai tout à l'heure parlé de Koceïla roi de l'Aurès, c'est une erreur, l'Aurès n'a jamais formé un royaume et Koceïla n'était que le chef des tribus aurasiennes momentanément réunies en face de l'envahisseur, comme en face de nous les tribus arabes se groupèrent autour d'Abd-el-Kader.

Il y a cependant des différences essentielles entre la tribu arabe et la tribu kabyle, de même que l'Arabe ne ressemble presque en rien au Kabyle.

La race d'abord n'est pas la même : le Kabyle du Djurdjura, le Chaouia de l'Aurès descendent en grande partie des autochtones, des possesseurs primitifs du pays et même de ces « Libyens, hommes du Nord, aux cheveux « blonds et aux yeux bleus qui avaient fondé « un État sur le rivage méridional de la Médi« terranée. » Nombre de Chaouias, surtout à Menaah, ont conservé les signes caractéristiques de leurs ancêtres Kymris. Les Arabes, et sous ce nom générique on comprend les indigènes barbaresques, forment un mélange de toutes les races dont le flot successif a inondé la plaine, Berbères, Grecs, Romains, Vandales, Arabes, Maures.

Que de différences aussi dans les mœurs ! L'Arabe, nomade à peine fixé, a conservé de la vie pastorale de ses ancêtres les habitudes rêveuses et nonchalantes. Beaucoup, dans le sud, restent fidèles au vieux précepte de Mahomet : « Où entre la charrue, entre la honte. » L'organisation, avant notre conquête, était féodale et aristocratique.

Le Kabyle, au contraire, est sédentaire, laborieux et se livre aux travaux de la terre. Sa société était démocratique et égalitaire. Dans les deux massifs kabyles la vie communale était aussi intense, aussi particulariste que chez nous au moyen âge : elle enfantait les mêmes haines, les mêmes guerres continuelles. Aujourd'hui la « paix française » a mis fin à ces luttes et il en reste à peine le souvenir.

Mais revenons à Djemorah, dont cette digression m'a un peu écarté.

Darraji nous offre l'hospitalité. Elle est rudimentaire : une chambre aux quatre murs blanchis à la chaux, des tapis par terre, des matelas dessus et des draps ; l'ameublement est représenté par une chaise et une marmite qui sert de lavabo.

Les matelas sont durs, nous dormons cependant fort bien. Je ne sais si nos compagnons en ont fait autant ; il ne s'agit pas d'Ali, il est homme à se tirer toujours d'affaire et il a su se faire héberger, je parle de nos Chaouias qui se sont enveloppés dans leurs burnous, et se sont au dehors accroupis contre la muraille pour se garer du vent froid de la nuit. Les mulets, eux, sont entravés sous les platanes alignés devant notre demeure et ils se serrent les uns contre les autres pour se réchauffer, car, le soleil couché, l'air s'est refroidi subitement.

Il est encore très frais quand le lendemain matin nous ouvrons notre fenêtre ou plutôt poussons le volet plein qui bouche l'ouverture, par laquelle, pépiant et voletant, entrent aussitôt des oiseaux familiers, rouges-gorges et moineaux.

A droite, à quelques pas, est le bâtiment où reposent les femmes du cheik.

Impossible naturellement de leur rendre visite : « Quand la femme a vu l'hôte, dit un

« proverbe arabe, elle ne veut plus voir le « mari. » En parler serait même une inconvenance. Comme le dit Fromentin, « la maison « arabe est une prison à forte serrure et fer- « mée comme un coffre-fort. Le maître avare « en a seul la clef ; il y renferme tous ses « secrets et nul ne sait, ne peut dire ce qu'il « possède, ni combien, ni quel en est le prix. » J'ai, quant à moi, l'idée que ces trésors n'ont pas grande valeur ; nous avons rencontré bien peu de femmes jolies ou belles ; l'Oriental a sur la beauté féminine de tout autres idées que les nôtres, et il estime surtout la femme selon son poids. Jeanne Bloch, de la Cigale, serait des plus haut cotées chez un cheik ou un mokaddem.

Aussi l'Arabe soumet-il ses femmes à un engraissement méthodique que favorise la vie sédentaire de ces recluses forcées.

Jamais une promenade dans la campagne, à peine quelques visites rendues à des voisines amies. « Pourquoi laisserions-nous sortir nos « femmes, disait un Zibanais : elles sont inca- « pables de faire un bon usage de la liberté. Ne « sont-elles pas sans raison et semblables aux « animaux qui n'obéissent qu'à leurs instincts ? » A l'exception du mari et de ses frères ou neveux, nul homme n'a accès dans le harem. « Que fais-tu quand ta femme est malade, « demandait M. Barandon à un cheik aurasien. —

« Je la soigne. — Mais tu ne connais pas toutes « les maladies. N'appelles-tu pas un médecin ? — « Jamais. — Mais alors... — Dieu est grand ! s'il « veut la guérir il le peut ; sinon elle mourra. — « Tes compatriotes agissent-ils comme toi ? — « Tous. »

En parenthèse, il serait curieux de savoir si les femmes arabes ne se trouvent pas fort bien de cette absence des disciples d'Esculape.

Dans ces conditions, on comprend comment la moindre distraction est accueillie dans le harem et on nous racontait qu'une jeune femme ayant dans l'Aurès été introduite auprès des femmes d'un cheik, celles-ci l'avaient palpée, examinée pendant une demi-heure, riant, s'exclamant sur sa robe, son chapeau, ses gants, s'enfuyant effarées à la vue des yeux d'émail et de la tête artificielle de son « renard », puis revenant et s'enhardissant jusqu'à arracher la queue et les yeux au tour de cou, voulant enfin faire cadeau à la visiteuse de boucles d'oreilles, car, chose renversante, la pauvre Française n'en portait pas.

Tout près de la maison des femmes et de celle où nous avons reçu l'hospitalité est le cimetière, un de ces mornes cimetières musulmans qu'indiquent seules quelques petites pierres entre les herbes broutées par les chèvres. Ici, c'est pis encore, nombre de fosses sont effondrées et s'ouvrent béantes sous vos pas; quelques-unes cependant, celles des *hadjis* qui ont été à la Mecque, sont entourées d'un mur de terre et, luxe princier, aux quatre angles de l'enceinte une grosse boule de glaise blanchie à la chaux a été posée.

Au bout du cimetière s'élève la mosquée du village, flanquée d'un minaret carré dont le blanc éclatant tranche sur le vert sombre de l'oasis.

Toutes les oasis, je l'ai dit, se ressemblent comme deux champs de blé mûr ; à peine la disposition des ruisseaux varie-t-elle, la culture est-elle plus ou moins bien soignée, quelques coins sont-ils plus séduisants grâce à un oued ou à quelques pentes abruptes couronnées de maisons. Sous tous ces rapports, l'oasis de Djemorah peut lutter avec les plus belles ; je me rappelle surtout avec plaisir une source abondante qui forme un étang où les femmes viennent laver leur linge. Abritée par des dattiers, elle est un de mes plus jolis souvenirs du voyage, avec son ruisseau qui fuit sous les arbres, la jetée de pierres qui retient l'eau et le pont rustique, palmier jeté en travers, sur lequel passent femmes et fillettes.

Les femmes kabyles sont bien moins sauvages que les femmes arabes ; plusieurs qui, les jambes nues, foulent le linge, n'interrompent pas leur besogne et nous regardent tranquillement de leurs grands yeux cerclés de khol ; les fillettes, elles, s'enfuient en criant.

Rien n'est plus gracieux, plus noble, plus « antique » que la femme arabe ou kabyle. Riche ou pauvre, vêtue de soie ou couverte de guenilles, qu'elle marche ou qu'elle s'arrête, l'amphore sur la tête ou sur l'épaule, elle est toujours de grande tournure ; ses gestes, ses mouvements sont rhytmés et harmonieux. Le costume prête à cette grâce sévère. « Ce serait, a « écrit le peintre Fromentin, le cas de faire une « théorie sur la beauté du haillon, car beaucoup « de ces draperies qui abusent de loin ne sont « que des guenilles. Ce qu'il y a de vrai, c'est « que les peuples à vêtements flottants n'offrent « rien de comparable à la pauvreté sans res- « sources d'un habit troué. Ils conservent quand « même ceci d'héroïque que, bien ou mal, ils « sont drapés, et ceci d'à peu près semblable « aux divinités qu'un peu plus ils seraient nus « comme elles.

« Le costume est d'ailleurs toujours le même : « c'est le haïck, étoffe de coton cassante et « légère de couleur incertaine entre le jaune, « le blanc et le gris, qui se porte comme le « vêtement des statues grecques, agrafé sur les « pectoraux ou sur les épaules et retenu à la « taille par une ceinture. Le voile, pris sous le « turban, fait guimpe autour du visage. s'atta- « che au moyen d'une épingle au-dessus du

« sein puis découvre la poitrine, descend le long « du bras, et par derrière enveloppe le corps « de la tête aux pieds. Parfois le haïck s'entr'ou- « vre et laisse voir tout un côté du corps, la « poitrine qu'elles portent en avant et les reins « fortement cambrés. »

Quant aux bijoux si recherchés par mon compagnon, M. G. Claretie en donne la nomenclature : « De lourds anneaux d'argent ronds, « coulés au moule, demi-cercles terminés à « chacune des extrémités ouvertes par des bou- « les ou des cubes d'argent massif sans aucun « ornement ; ces anneaux se portent aux pieds « comme aux bras ; des colliers de toutes for- « mes depuis celui formé d'un mélange de « boules d'ambre gris, de grains de cristal et de « turquoises auquel pend une amulette, jusqu'au « simple collier d'argent filigrané ; de larges « boucles d'argent plat en forme de croissant qui « servent à l'aide d'épingles à retenir le haïck, « des boucles d'oreilles variées, le plus souvent « cercles de métal auxquels sont suspendus des « chaînettes, des fragments de corail et des « ornements d'argent. Les bagues sont rares. »

La promenade dans l'oasis terminée et le salut d'adieu adressé au cheik, nous partons.

Les palmiers continuent à cacher l'oued Abdi dont, au flanc de la montagne, nous remontons le cours sinueux ; ils forment avec les champs d'orge et les prés qui s'abritent à leur ombre un ruban large parfois d'une centaine de mètres et parfois réduit à quelques arbres, mais ininterrompu pendant une dizaine de kilomètres.

Sans nous en apercevoir, nous avons quitté l'oasis de Djemorah pour celle de Beni-Souïk, ce village étagé là-haut sur notre droite jusqu'au sommet de la montagne pierreuse, amas de maisons misérables jetées au hasard les unes auprès, ou plus exactement au-dessus des autres.

Si le village est pitoyable, l'oasis, tout à coup élargie jusqu'à atteindre deux ou trois cents mètres, est superbe : nulle part la culture n'est plus soignée, l'humus plus âprement disputé à la pierre. Pas un pouce de terrain n'est perdu, le moindre creux de rocher est ensemencé, de la plus mince fissure jaillit un palmier ; c'est une lutte véritablement admirable contre l'hostilité de la nature.

Au-dessous d'une fontaine où les belles filles brunes viennent, les bras nus, puiser l'eau dans des amphores qui semblent prises aux musées antiques, sur un plateau ombragé d'oliviers et de jujubiers, nous nous asseyons pour déjeuner.

Nulle place ne saurait être mieux choisie. A nos pieds se déploie l'oasis verdoyante ; à notre droite se dresse une pyramide gigantesque que nous apercevons depuis Djemorah et qui, montagne escarpée, nous barre le passage de sa masse d'un rouge sombre ; à dix pas, le bosquet de la fontaine.

Qu'il ferait bon là rêver et faire la sieste, à l'abri du soleil qui depuis le matin nous brûle tête et dos, mais il n'y faut pas songer ; ce soir, nous devons être à Menaah, et nous ne nous sommes que trop attardés en ce coin délicieux.

La montagne pyramidale descend jusqu'à l'oued, les palmiers ne sauraient aller plus loin, nous-mêmes, nous sommes obligés de faire marcher nos mulets dans le torrent pour dépasser l'obstacle. Là, nous abandonnons l'oued qui nous conduirait jusqu'à Menaah ; les eaux sont trop hautes, trop rapides, il nous faut prendre le chemin de la montagne, c'est-à-dire n'en prendre aucun.

Les Kabyles qui nous accompagnent sont étonnants ; chaussés de lisières, riant, chantant, ils courent, grimpent le long des rochers, traversent l'oued, suivent ou précèdent nos mulets. L'un d'eux surtout, un maigre bonhomme d'une soixantaine d'années, s'amuse à faire le clown, imite la trompette, les commandements des officiers : « Une ! deux ! une, deux ! » et armé d'une baguette, nous donne la représentation d'un combat ; il se tapit derrière un buisson « Pan ! Pan ! » puis d'un bond se cache derrière un rocher « Pan ! Pan ! » Certes, ce bonhomme-là a dû canarder les Roumis en 1879, mais il ne nous le dirait pas. « Une ! deux ! pan ! pan ! »

Nous sommes heureux d'avoir ces Kabyles avec nous. Ali n'est jamais venu ici, comment nous guiderait-il à travers ces âpres montagnes, dédale dont aucun sentier n'est le fil? La région est sauvage, absolument solitaire ; pas un toit, pas une hutte, pas un être humain, pas même d'oiseaux, et nous montons, et nous redescendons toujours, jusqu'à ce qu'enfin, là-bas, entre deux montagnes, nous apercevions une butte blanche : c'est Menaah !

Encore une longue montée, une descente et nous voici devant un délicieux tableau où tout « semble placé à souhait pour ravir l'artiste ; « au premier plan le torrent, des groupes de « palmiers, des touffes de lauriers roses et de « grenadiers aux fleurs écarlates ; au centre le « village de Menaah sur un mamelon arrondi, « au fond une succession de montagnes azurées « et de plus en plus pâles. »

Comme le dit le lieutenant de l'Harpe, on voit au premier plan quelques palmiers, mais au premier plan seulement : ce sont les derniers que nous trouverons dans l'Aurès.

Il n'y a pas d'oasis à Menaah ; la ville n'est entourée que de champs d'orge, de froment, de pommes de terre et de fèves, que de prés et de vergers.

Après de longues heures passées dans un

désert rocailleux, quel charme de reposer tout à coup ses regards sur la verdure de ce vaste cirque ! Une tour carrée, bâtie sur un piton isolé, défend l'approche de la ville, car Menaah est une ville d'un millier d'habitants. « Elle était autrefois, dit le voyageur que nous « avons cité plus haut, surnommée la ville des « plaisirs, quelque chose pour les habitants de « la contrée comme une succursale du paradis « de Mahomet : les femmes les plus suaves s'y « donnaient rendez-vous et y tenaient leur cour « d'amour. » Autrefois, c'est possible ; quant à nous, si nous avons vu des femmes plus ou moins jolies, nous ignorons si elles sont suaves, on ne nous a donné aucun rendez-vous et pour les cours d'amour Ali ne sait pas ce que cela veut dire.

Nous ne voyons pas trop où pouvaient se tenir « ces cours d'amour » sur ce rocher abrupt couvert de maisons de la base au faîte, sauf là où il est absolument vertical. Nous avons, selon l'habitude, été demander l'hospitalité au cheik et de la chambre où nous sommes reçus, nous dominons un précipice d'une vingtaine de mètres de profondeur.

Le cheik est absent, dans un village à deux ou trois lieues : « Si vous le désirez, on va « aller le chercher » nous propose un de ses quatre fils, robuste gaillard aux yeux en amande voilés de longs cils. Nous refusons,

« nous aurions été heureux de le voir, mais « nous ne voulons pas qu'on le dérange. » Ce jeune homme, Kalla-Maammar-Ben-Mohammed, parle très bien le français ; il nous en donne immédiatement la preuve. Sa première parole a été pour nous proposer d'envoyer chercher son père, la seconde est pour nous offrir « le pernod ». Décidément, les Chaouias ont plié le Koran à leur usage. Je sais bien que beaucoup de musulmans qui ne boiraient pas de vin boivent de l'absinthe ; Mahomet, selon eux, n'a pu l'interdire puisqu'elle n'existait pas alors, mais ce « distinguo » commode n'est pas admis par les véritables croyants.

Nos hôtes durent être édifiés, car nous n'acceptâmes pas le « pernod ».

J'ai depuis regretté ce refus : il eût été amusant d'« étrangler un perroquet » en compagnie d'un fils de cheik. Mais, nous aurait-il tenu compagnie ? J'en doute. En l'absence de leur père aucun des fils ne s'assit à notre table ; ils voulurent nous servir et nous fîmes là connaissance avec le *sgougout*, gâteau sucré de miel et parfumé d'anis, nullement désagréable. En insistant beaucoup, nous obtînmes seulement que Kalla-Maammar bût avec nous le « kaoua » et dès que nous nous fûmes retirés il alla se coucher au seuil de notre porte, comme les anciens écuyers devant la porte de leur seigneur.

Notre chambre était encore plus simple que celle de Djémorah puisque matelas et draps étaient absents, mais elle avait un meuble de plus, une sorte de coffre bondé de paperasses. J'en pris un cahier, c'était le registre des actes de l'état civil ; un autre renfermait l'état de répartition des impôts, nous étions dans la salle des archives !

Le jeune homme tint le lendemain à nous faire les honneurs de sa ville, et nous guida dans les ruelles escarpées jusqu'à la mosquée qui, au sommet du rocher, domine d'un côté la vallée cultivée et de l'autre un précipice. La ville n'a pu s'étendre par ici, et seuls, des cactus et des aloès sont parvenus à s'accrocher à la muraille verticale ; sur l'autre face, les maisons se serrent les unes contre les autres, aucune n'est isolée.

C'est que jadis Menaah avait une ennemie héréditaire, une commune voisine dont le nom m'échappe, et souvent on échangeait des coups de fusil.

Notre cicerone n'aime pas, c'est évident, à nous parler de ces choses, encore moins avons-nous l'envie de lui parler de l'insurrection de 1879, dont Menaah fut une des citadelles.

Les façades de Menaah n'ont aucune prétention architecturale, ce sont de simples murailles de terre jaune séchée appuyées sur des bases en pierre. Les toits sont en palmiers et en branchages et seules quelques maisons, comme celle du cheik, ont un péristyle de colonnes trapues et blanchies. Une de ces colonnes est certainement d'origine antique, son fût est cannelé et sous les couches de chaux on distingue des feuilles d'acanthe.

Les rues sont particulièrement malpropres et me rappellent celles de Tanger.

Aucun véhicule, si léger et si solide fût-il, ne peut escalader ces ruelles, le cheval lui-même paraît rare et reste au bas de la ville ; les seules bêtes de somme sont les mulets et les ânes. Quant aux chameaux, il en pénètre si peu dans l'Aurès qu'ils sont un objet de curiosité et que les enfants les suivent quand quelques-uns s'y aventurent.

Nous partageons ce privilège avec ces intéressants animaux. Les touristes visitent rarement ces régions et nous avons à nos trousses une cinquantaine de gamins qui nous suivent en riant et jacassant, nullement importuns d'ailleurs ; pas un ne nous assiège de ces « sordi, sordi » si assommants à Biskra.

Les hommes, eux, nous regardent passer et en portant militairement la main à leur front nous donnent le *selam* que nous nous empressons de leur rendre. Quant aux « femmes « suaves » elles nous évitent probablement et celles que nous voyons n'ont rien de séduisant ; les enfants au contraire sont remarquablement beaux. Telles fillettes de dix ans qui s'enfuient à notre approche feraient merveille sur nos clichés.

Comme partout où nous sommes passés, L... s'est enquis des bijoux ; Kalla-Maammar nous conduit chez le bijoutier de la ville.

Une échoppe carrée éclairée seulement par la porte : à l'intérieur une petite enclume, une pince, un marteau et un fourneau minuscule qu'attise un soufflet fait d'une peau de chevrette, une balance, voilà l'atelier et les outils. Quant aux bijoux, voici deux paires de boucles d'oreilles et cinq ou six épingles, le tout brillant neuf. Ce n'est pas l'affaire de L... qui veut de vieux bijoux, des « antiques ». Il insiste tant que notre hôte dit : « Si vous le désirez, « je puis vous apporter les miens. — Nous ne « voudrions pas vous en priver. — J'en achète« rai des neufs », répond Kalla qui évidemment ne comprend pas la fantaisie de ce Roumi qui préfère le vieux au neuf.

Quant au prix, eh bien ! le bijoutier le fixera. L'estimation est tôt faite. Le bijoutier pèse les objets ; autant de cinq grammes autant de francs, et au total il ajoute cent sous pour la façon. Pendeloques, boucles d'oreilles, épingles, en voilà vite pour plus de cent francs ; L... a bien fait observer que l'argent, surtout mêlé à des « alliages lucratifs », ne vaut pas vingt centimes le gramme, l'expert ne comprend pas, jamais il n'a procédé autrement. L... accepte donc et paie ; tout le monde est content : notre hôte de la monnaie qui lui permettra d'acheter des bijoux neufs à ses femmes; le bijoutier qui les vendra, et L... qui à sa collection ajoutera des bijoux authentiques, des bijoux de femmes de cheik, bijoux un peu « barbares », et qui pourtant ne manquent ni de grâce ni d'élégance.

Après une courte promenade dans les champs soigneusement cultivés nous quittons Menaah et à cent pas la montagne reprend son aridité. Toujours des montées, des descentes souvent raides et des traversées de l'oued, dans un pays sauvage borné de hautes croupes pierreuses hérissées de genévriers nains.

A midi, halte et déjeuner à l'ombre d'un de ces buissons ; c'est un géant, il a près de deux mètres de hauteur ! Puis nous remontons l'oued, les mulets marchant dans l'eau entre deux haies de lauriers roses. Ceux-ci se resserrent tellement qu'ils finissent par former un berceau sinueux où se glisse le sentier que nous suivons à la file indienne. Que ce bosquet doit être délicieux quand les arbustes sont en fleurs ! Subitement, une muraille de rochers barre le chemin pour lequel on a dû faire une entaille si basse que nous sommes obligés de baisser la tête, et tout à coup, à un angle du sentier en corniche, apparait un décor féerique.

De l'autre côté de la vallée, sur des escarpements abrupts, sont échelonnés les trois villages des Beni-Ferrah, le premier sur des blocs énormes rejoints par des arceaux en pierres, le second sur une longue croupe, le troisième, le plus important, sur un mamelon ressemblant à celui de Ménaah.

Nous descendons comme toujours chez le cheik dont la maison assez spacieuse est à quelques centaines de mètres du village, de l'autre côté de l'oued. Le cheik est absent; son fils et son père, un Kabyle vénérable à barbe blanche, l'ancien cheik, nous reçoivent ; ni l'un ni l'autre ne parlent français, aussi après les salamalecs habituels, prenons-nous notre liberté. Nous avons encore plusieurs heures avant la nuit; profitons-en.

Le village des Beni-Ferrah ressemble beaucoup à Menaah : situation à peu près identique, mêmes rues raides, mêmes escarpements rocheux, mêmes maisons délabrées, croûlantes, plus encore qu'à Menaah, car voici un grand espace encombré de ruines. Il y a soixante ans que cela est ainsi : les habitants de Maafa, une commune à une vingtaine de kilomètres d'ici ont pour une brebis volée cherché querelle aux Beni-Ferrah et détruit ce quartier ; les habitants, en bons Orientaux qui veulent bien construire mais jamais reconstruire, ont été s'établir à côté sur la hauteur voisine et ont fondé le second village. Ces explications nous sont données en excellent français par un vieux turco qui après avoir combattu à Wissembourg, avoir été captif à Kœnigsberg, et après avoir fait les campagnes de Tunisie et du Tonkin est revenu au village natal. Il s'est même battu dans l'Aurès en 1879, et a pris Menaah : « de « mauvaises gens les gens de Menaah. » Les anciennes haines communales ne sont qu'assoupies et ce brave turco a fusillé ses voisins évidemment avec la même ardeur que les Allemands et les Cochinchinois.

Ses campagnes ne l'ont pas affaibli : « une petite balle au mollet » seulement, il est robuste, joyeux, tout heureux d'être notre cicerone et de pouvoir parler français : il baragouine même des mots allemands « *bœse, bœse* les *Deutsche* » (1). Je crois en effet que les Prussiens qui nous imputaient à crime d'employer des « sauvages » n'ont pas dû être très tendres pour ceux qui sont tombés entre leurs mains.

Ce vieux brave ne reçoit aucune pension ; on l'a mis à la réforme un an avant qu'il n'ait droit à sa retraite. « Ça se fait comme ça » ajoute-t-il en employant la phrase chère à Ali. Nous n'insistons pas ; nous savons, en effet, que la chose est d'usage courant à la Légion étrangère : pourquoi se gênerait-on davan-

1. Méchants, méchants, les Allemands.

tage avec des. Arabes qu'avec des Alsaciens ?

Nous ne sommes qu'à quelques lieues d'El-Kantara et cependant nous excitons autant de curiosité qu'à Menaah. Quand nous nous installons devant un café, une cinquantaine d'indigènes viennent en rond, à quinze pas devant nous, s'asseoir et nous contempler silencieusement.

Si nous marchons une troupe d'enfants nous suit pas à pas, mais dès que nous braquons l'objectif les fillettes s'enfuient ou se cachent. C'est à grand'peine que la vue d'un « sordi » et les objurgations du turco décident l'une d'elles, plus hardie, à avancer sa petite patte brune ; les garçons, eux, sont plus vaillants et les pièces de menue monnaie que nous leur jetons de temps à autre, sans d'ailleurs qu'ils les réclament, occasionnent dans la bande des culbutes et des bousculades que nous nous empressons de photographier.

Au crépuscule le spectacle me rappelle les soirées alpestres de Riederalp et du Sentis. Des troupeaux de chèvres descendent de la montagne sous la garde d'un Kabyle aux jambes nues; des groupes ou des animaux isolés se détachent de temps en temps pour gagner leur demeure, située quelquefois loin du sentier et la longue file, bêlant et trottant, disparaît sous les figuiers et les grenadiers; seules les clochettes manquent. Les chiens au loin aboient, et, derrière la montagne, le soleil disparu darde encore ses derniers rayons sur les sommets roses. Un vent froid semble souffler de quelque glacier invisible.

A table le soir, nous avons la compagnie silencieuse mais souriante du vieux cheik à barbe blanche tandis que son petit-fils, superbe dans sa tunique immaculée, nous apporte le couscouss.

Le patriarche prend le kaoua avec nous ; le jeune homme s'excuse : il jeûne. C'était la fête de l'Achoudra il y a quelques jours et alors il était en voyage. Or, le Koran dit : « Celui qui « sera malade ou en voyage jeûnera dans la « suite un nombre de jours égal. »

La nuit fut dure : parqués dans une pièce dont la porte était la seule ouverture, nous n'avions que de minces tapis et nos couvertures pour nous séparer de la terre battue, aussi le lendemain matin nos reins étaient-ils endoloris de ce contact peu moëlleux avec le sein maternel.

Nous poussions alors notre flânerie jusqu'au troisième village, découvrant à chaque pas quelque scène amusante, quelque fontaine biblique, ici des femmes filant sur l'antique quenouille, là un forgeron frappant en plein air sur son enclume. Des cultivateurs descendaient dans la vallée la pioche sur l'épaule, des femmes en remontaient chargées de branchages ou l'outre pleine sur la tête ; des gens revenant d'un enterrement portaient au bout d'un bâton le quartier de mouton distribué sur la tombe du défunt et nous nous repaissions de ces spectacles que nous allions quitter pour rentrer dans la vie accoutumée.

Dieu veuille que je puisse encore revoir les Beni-Ferrah, mais les Beni-Ferrah garderont-ils longtemps encore leur originalité ?

A quelques lieues au delà de Menaah, dans la vallée de l'oued El-Abiod, à Taghit, il y a une mine de mercure, la seule qui existe dans nos possessions africaines; elle est, dit-on, très riche et on nous a raconté la stupéfaction d'un cheik à qui le directeur avait permis d'emporter tout le mercure qu'il pourrait saisir. Enchanté, le brave Chaouia plongea sa main dans la cuve, mais quand il vit qu'il ne pouvait retenir la moindre parcelle de cet « argent diabolique », il s'enfuit en invoquant Allah et son prophète.

La mine est d'accès difficile, et pour en faciliter l'exploitation il est question de relier par une route Taghit à El-Kantara.

Elle exécutée, ce sont les touristes envahissant l'Aurès, les ingénieurs coupant ces ravins solitaires, les Juifs s'installant dans les villages.

Aujourd'hui les fils d'Abraham n'habitent pas l'Aurès ; ils y seraient mal venus du reste si j'en juge par la répulsion que le fils du cheik de Menaah avait pour eux, mais que leur importerait ? Ne sont-ils pas citoyens français, tandis que les Kabyles ne sont que sujets de la France ?

Si cette route n'existe pas encore, un chemin bien tracé joint les villages des Beni-Ferrah à El-Kantara, à travers les dernières ramifications des montagnes toujours désolées, pentes âpres et buissonneuses que brûle le soleil et que ne rafraîchit aucun ruisseau. Vers une heure nous atteignons un col : impossible de trouver endroit plus favorable à la halte et au déballement des « harnois de gueule » ; la vue est magnifique.

Au nord, des montagnes neigeuses regardent au-dessus d'un amoncellement de cimes plus modestes ; au midi, c'est la plaine de Biskra, cette tache sombre là-bas c'est l'oasis, celle plus petite qui d'ici semble presque la toucher c'est Sidi-Okba, mais derrière, plus loin, dans la brume lumineuse et mouvante, qu'est-ce ? On croirait la mer lointaine ; c'est une mer en effet, la mer de sable, c'est le désert, le Sahara infini.

Le déjeuner terminé, nous nous remettons en route et bientôt à nos pieds se déploie la plaine fermée au nord par une haute muraille fendue en un seul endroit par ce formidable coup de sabre, la *Foum es Sahara*.

Une descente rapide de quatre cents mètres de hauteur, trois ou quatre kilomètres au grand trot des mulets par le steppe pierreux, et dans le village noir d'El-Kantara à l'ombre des murs à demi effondrés, nous prenions le kaoua au milieu d'indigènes accroupis et silencieux.

A l'hôtel Bertrand, nous disons adieu à Ali qui regagne Biskra par le chemin de fer, non sans avoir auparavant essuyé une verte semonce de L. « Comment! sur le salaire convenu avec « les muletiers il retenait plus du tiers! A quel « titre ? Lui qui exécrait les Juifs, il était plus « rapace qu'eux. Vite! qu'il aille restituer cette « commission; nous le payons, il n'a rien à « prélever sur le salaire des muletiers », bref la scène de Tozeur recommencée.

Si la semonce ne gênait guère Ali dont la peau bronzée ne rougissait pas pour si peu, la restitution lui déplaisait fort et L... fut impuissant à l'obtenir. « Ça se fait comme ça », répétait le brave Ali, et il aurait pu ajouter : aussi bien en France que dans l'Aurès. N'avait-il pas eu la peine de nous « indiquer » muletiers et mulets? Cela ne valait-il pas le tiers des 3 fr. 50 que par jour nous coûtaient l'homme et la bête ? C'est le commerce et il fallait être bien jeune pour s'en indigner, inutilement du reste.

CHAPITRE VIII

D'EL-KANTARA A BOUGIE.

Sétif. — Le Chabet-el-Ackra. — La grotte merveilleuse.

Les jours se suivent et ne se ressemblent pas dit le proverbe, en voyage surtout, aurait-il pu ajouter. Aux magnifiques journées dont nous avions été favorisés succéda le 28 mars un ciel où un vent violent faisait galoper les nuages comme à l'Opéra dans la chevauchée des Walkyries, et dès que nous eûmes quitté El-Kantara un froid assez vif nous fit apprécier les bouillottes de notre wagon. Il avait neigé la nuit précédente à Batna et des taches blanches parsemaient encore les hauteurs.

Elles disparurent bientôt à l'horizon et ce fut le steppe stérile et plat, parfois égayé de quelques plantations, de champs d'orge, de vergers, de mûriers et d'oliviers.

A Fesdis, une des plus proches stations, M. C..., le percepteur que nous avions rencontré à Timgad et que nous retrouvons dans notre train, nous raconte l'amusante histoire de la station.

L'Administration avait projeté de créer ici un village ; les colons furent trouvés, les concessions accordées, un ample réservoir, celui que nous voyons d'ici, fut construit, la gare fut installée et tout à coup on s'aperçut que l'eau destinée au village futur, chargée de sels de cuivre, était impropre à tout usage.

Chaque colon s'en fut alors chercher de l'eau potable, et quand il en eut découvert, construisit une maison et creusa un puits, de sorte que le village disparut avant d'avoir été édifié et que les maisons en sont isolées à plusieurs kilomètres les unes des autres.

Puis nous refaisons la route faite il y a dix jours, nous envoyons un nouveau salut au Medracen aperçu au loin, et après une longue journée de chemin de fer, nous débarquons à huit heures du soir à Sétif.

Sétif ne doit jamais être bien attrayante.

A 1074 mètres d'altitude, sur un plateau monotone, la ville avec ses rues droites se croisant à angle droit n'offre aucun intérêt, aucun mouvement, aucun souvenir, bien qu'elle ait 15.000 habitants dont un sous-préfet et qu'elle ait remplacé l'antique Sitifis, capitale au IIIe siècle, de la Mauritanie Sitifienne.

A plus forte raison laisse-t-elle une maussade

impression au touriste qui y aborde la nuit, sous une pluie glaciale.

Cette impression change peu quand le lendemain il la voit à la lumière du jour, je ne dis pas du soleil ; hélas ! le ciel est couvert d'un manteau gris d'où la pluie s'obstine à tomber.

Notre programme est de gagner Bougie à vélo par les gorges du Chabet-el-Ackra et de visiter une grotte récemment découverte sur la route de Djijelli, la *Rhar-Adim*, (la grotte merveilleuse).

La route est défoncée, boueuse, la pluie tombe toujours, le vent souffle en bourrasque ; impossible de partir. Ce n'est pas l'avis de mon compagnon et peut-être finirait-il par m'entraîner avec lui, si heureusement je ne trouvais à m'arranger avec un voiturier qui va chercher des voyageurs à Bougie et qui me conduira jusqu'à Kerrata à l'entrée des gorges.

Comment sans cela aurais-je pu suivre L... qui, encapuchonné et caoutchouté, roule dans une boue épaisse, manque de déraper à chaque minute et est heureux, aux montées, de pouvoir s'accrocher à la voiture qu'il a dédaignée.

Au col de Takitount : « vue magnifique » dit Joanne ; nous ne voyons que des nuages bas, des champs inondés, des ruisseaux devenus torrents, car voilà six semaines qu'il pleut ici presque sans discontinuer.

Grâce à Dieu, notre manitou ne nous a pas abandonnés : quelques instants plus tard, des lambeaux d'azur écartent les nuages et nous descendons dans une vallée fertile. Au milieu des vignes, des mûriers et des oliviers pointent les toits en tuiles rouges des villages ; ce serait quelque coin de Bourgogne sans ces sommets blancs qui à droite arrêtent la vue et sans ces Kabyles qui, jambes nues, têtes nues, nous croisent la houe sur l'épaule.

Ils ont cependant bien peu gardé du costume arabe. Plus de majestueux et blancs burnous, plus de babouches jaunes, plus de turbans artistement enroulés ; une blouse sale serrée par une ceinture, un foulard tordu autour du front, les pieds nus ou chaussés de lamentables souliers, ces pauvres hères ressemblent aux plus misérables journaliers de France.

Le lendemain de bon matin après une excellente nuit passée à Kerrata, nous nous engageons dans le Chabet-el-Akra.

Le soleil brille, le ciel est magnifiquement bleu.

Presque aussitôt nous quittons nos vélos. Cette route est de celles qu'il faut parcourir à pied, car les gorges sont véritablement belles et à chaque détour réservent de nouvelles admirations.

Longues de sept kilomètres, elles ressemblent beaucoup à celles de la Bourne dans le Dauphiné, mais malgré leur nom de « Défilé de l'Agonie » (Chabet-el-Akra), elles n'ont rien de terrifiant, du moins depuis qu'une excellente route commencée en 1862 et terminée huit ans plus tard les suit dans toute leur longueur.

Les montagnes qui les enserrent s'élèvent à un millier de mètres et dans la roche crevassée de fentes et de fissures des arbres et des buissons de toutes essences ont trouvé place et nourriture.

Les singes, assure-t-on, sont nombreux dans ces brousses ; nous n'eûmes pas la chance d'en apercevoir un seul.

Certaines parties sont tout à fait grandioses, surtout vers l'entrée où un immense rocher, le Drâkaloui, gigantesque pain de sucre, semble barrer tout passage au torrent jaune qui mugit dans les profondeurs ; sur plusieurs points il a fallu percer un tunnel ou jeter un pont sur l'abîme.

Au sortir des gorges, la route serpente dans la vallée subitement élargie et atteint bientôt Souk-et-Tnin, gai village construit sur une éminence non loin de l'endroit où l'oued Agrioun se jette dans la mer.

En ce moment, grossi par les pluies des jours précédents, c'est un véritable fleuve d'un jaune brun, peu profond mais large de plusieurs centaines de mètres. Nous le traversons sur deux ponts que rejoint une île et nous voici sur la nouvelle route de Bougie à Djijelli, commencée en 1901 et non encore terminée, route qui si elle a un sort digne d'elle sera rapidement célèbre et pourra tenir son rang immédiatement au-dessous de l'incomparable route de Sorrente à Salerne, à côté de la corniche de la côte d'azur.

Cetteroute, dite des Grandes falaises, est taillée le long des falaises rocheuses auxquelles elle doit son nom, et parfois s'avance en surplomb au-dessus de la mer. Des tunnels lui permettent de franchir les arêtes des rochers, et la dynamite en faisant son œuvre, a, çà et là, ouvert une cavité souterraine ou dévoilé une grotte inconnue que la route traverse sur un pont jeté au-dessus des flots.

Pendant quatre lieues ce sont de longues montées et descentes aux flancs déserts des âpres montagnes du Babor, puis on débouche dans une anse où jadis s'élevait Choba, un municipe romain dont il ne reste que d'insignifiants vestiges.

Dix kilomètres plus loin nous arrivons au but de notre excursion. L'année dernière, l'explosion d'une mine a fait sauter une des parois d'un étroit corridor. C'était l'extrémité jusqu'alors sans issue d'une grotte qui tout de suite fut saluée du nom de *Rahr-Adim*, la « grotte merveilleuse » et jamais nom ne fut plus mérité.

Cette merveille, nous pouvons la contempler dans toute sa splendeur virginale, car les ingénieurs, rendons-leur cette justice, loin de détruire la grotte en firent fermer l'entrée et on n'y a jamais pénétré avec une bougie ou une torche. Seuls, l'alcool et le magnésium sont admis à éclairer ces magnificences. Aussi, la caverne a-t-elle conservé intactes ses somptuosités et un enchantement des *Mille et une nuits* apparait soudain à vos yeux.

Du plafond, soutenu par d'élégantes colonnettes de toutes formes et de toutes grosseurs d'un blanc éblouissant pendent d'innombrables stalactites, les unes énormes, les autres fines comme des aiguilles, et ce plafond sculpté par la nature est, dans sa splendeur de neige, aussi fouillé et aussi ciselé que celui des plus belles salles de l'Alhambra.

Cette grotte n'est pas vaste : une cinquantaine de mètres peut-être en profondeur, et elle ne renferme que deux salles ; ce n'en est pas moins la Rahr-Adim, la bien-nommée.

Nous passons la nuit à l'hôtel Dolcino, auberge qui, avec deux ou trois masures, forme le village de Ziama construit sur l'emplacement de la romaine Choba, au seul endroit entre l'Agrioun et la grotte merveilleuse où les falaises à pic s'écartent un peu de la mer, et le lendemain matin, malgré un vent d'ouest qui s'oppose à notre marche, nous regagnons Souk-et-Tnin.

Trente-cinq kilomètres nous séparent encore de Bougie que nous cache le cap Aokas.

Nous traversons une contrée fertile et cultivée que dévastait jadis le Sidi-Reskoun, mais les ingénieurs ont creusé un tunnel au torrent qui passe au-dessus de la route, contrairement à toute habitude qui veut que les routes passent sur les torrents et non les torrents sur les routes.

Au cap Aokas, nous faisons halte pour déjeuner sous un bosquet de glycines en fleurs, en face d'un singe enchaîné qui nous fait force grimaces et en fait encore bien plus quand s'abat tout à coup une violente pluie d'orage.

Elle ne dure qu'un quart d'heure ; c'est assez pour que la route, enduite de boue grasse et blanche, devienne, et j'en fais l'expérience à mes dépens, presque incyclable. Je ne sais comment, ayant à lutter contre le vent, nous pourrions atteindre Bougie si la diligence de Djijelli ne venait à passer. Nous nous collons derrière et cela va très bien quand brusquement la diligence s'arrête et nous culbutons l'un sur l'autre à la grande joie des indigènes dont le véhicule est bondé.

Une demi-heure plus tard nous entrons dans Bougie.

Construite par les Carthaginois au flanc du mont Gouraya, Bougie, que les Romains appelèrent Saldœ, n'eut jamais une grande importance malgré sa situation admirable au bord d'un golfe abrité.

C'est aujourd'hui une ville d'une quinzaine de milliers d'habitants dont près d'un tiers est européen, et malheureusement le court séjour que nous y fîmes ne nous permit pas de la connaître comme elle le mérite.

Entourée de bosquets et de verdure au-dessus de la mer bleue, Bougie, du fort Abd-el-Kader, offre un spectacle merveilleux qu'encadrent superbement les montagnes du Babor déroulées autour du golfe. C'est un des plus beaux panoramas qu'il soit possible de contempler. Comme souvenirs du passé, Bougie montre auprès du port un arceau croulant, construit au XIe siècle, appelé la Porte sarrasine et une porte assez intéressante, celle de Fouta, mais un regard jeté sur ces débris suffit, tandis que des heures ne suffiraient pas à vous rassasier du splendide décor que vous contemplez quand vous vous accoudez à la balustrade de la place du Train.

CHAPITRE IX

LA KABYLIE.

Les excursions sont nombreuses à faire autour de Bougie ; la principale est celle du cap Carbon, pointe septentrionale du Gouraya. L'avoir manquée est un des deux regrets que m'a laissés le voyage (l'autre est Zaghouan), mais mon compagnon ne rêvait que Kabylie et villages indigènes : « Le cap Carbon était « un rocher comme tous ceux que nous avions « vus sur la route de Ziama ; nous perdrions « une journée à y grimper. » J'eus la faiblesse de céder et le soir même de notre arrivée à Bougie nous télégraphions à l'hôtelier de Talzmatt, dans la vallée de l'oued Sahel, de tenir à notre disposition des mulets pour le passage du col de Tirourda ; il est vrai qu'aussitôt, il nous répondait que la neige rendait le col impraticable.

La Kabylie est un massif montagneux dont le nord est borné par la mer, tandis que les autres limites sont formées par le demi-cercle du Djurjura, dont les plus hauts sommets sont au sud. L'oued Isser à l'ouest, l'oued Sahel à l'est, forment les fossés de cet immense camp retranché. Au milieu coule le Sebaou.

Bougie à droite, Ménerville à gauche, sont aux deux extrémités de l'hémicycle.

Ne pouvant atteindre la Kabylie par l'est, il ne nous restait plus qu'à prendre le chemin de fer et à la contourner pour y pénétrer par Ménerville et Tizi-Ouzou à l'ouest. C'était un détour, mais comme compensation nous traversions les gorges de Palestro et longions la chaîne du Djurjura. Tel n'est pas l'avis de mon compagnon. Après avoir hésité si malgré la neige, il n'essaiera pas de franchir le col de Tirourda, il voit sur une carte qu'à vingt-quatre kilomètres de Bougie, à El-Kseur, s'embranche une seconde route dite des grandes forêts qui conduit à Tizi-Ouzou, et il se décide pour la route des grandes forêts.

Je proteste énergiquement. Au sortir d'El-Kseur, il faut pendant trente kilomètres gravir une rampe de quatre à cinq centimètres par mètre puis gagner le col de Takdint à 985 mètres d'altitude et ce n'est qu'à 55 kilomètres d'El-Kseur, au petit village d'Yakouren que le guide Conty nous annonce « une excellente petite auberge ». Sur la route, rien qu'une maison forestière. Comment ferons-nous ce trajet si, comme il parait certain, nous avons en face le même vent qu'hier ? Comment avancerons-nous? Il ne faut pas dans ces forêts compter sur la diligence providentielle de la route de Bougie ! Si un accident survient à nos vélos, comment nous en tirerons-nous ? Et puis, à la suite du mauvais temps qui, on nous l'a dit à Bougie, sévit depuis deux mois, surtout depuis la pluie d'hier, dans quel état sera ce chemin tracé au milieu des forêts ? La route du cap Aokas nous le donne à prévoir.

Rien n'ébranle L..., il s'opiniâtre, je persiste et il est décidé que nous irons chacun de notre côté, lui à vélo par les forêts et moi par le chemin de fer. Nous nous séparerons à El-Kseur, nous nous rejoindrons à Tizi-Ouzou.

De Bougie à El-Kseur, le chemin de fer suit la vallée de l'oued Sahel (ou Soummam). Partout des oliviers, des vignes, des céréales ; des géraniums-lierres en fleurs enguirlandent les façades des gares et sur les cheminées nichent les cigognes familières.

A El-Kseur le train fait halte cinq minutes. L... descend selon ce qui a été convenu. Tout à coup il revient, il a trouvé une voiture à la gare, il a fait prix avec le voiturier. Moyennant quinze francs, on me conduira au sommet du col ; que je profite de l'occasion, et vite ! le train va repartir, vite, vite en bas ! Le temps est magnifique, je me laisse tenter et me voici sur le quai avant d'avoir eu le temps de me reconnaître.

Bon gré, mal gré, il faut maintenant arriver à Yakouren.

Après trois heures de montée nous atteignons le sommet de la côte. Nous y trouvons une excellente auberge, l'hôtel Lambert, installée de l'an dernier où nous déjeunons fort bien et où la voiture nous abandonne. Nous montons sur nos bécanes. La route macadamisée de granit est parfaite, sèche et roulante, et pour comble de chance, le vent subitement tourné à l'est nous souffle dans le dos ; nous grimpons les rampes avec une surprenante facilité.

En somme pourtant, j'avais eu raison : la route ne présente pas grand intérêt. Deux ou trois villages kabyles perchés sur des pitons qu'ils couronnent de leurs toits rouges, un joli coup d'œil au col de Talmetz ne suffisent pas à l'agrément du chemin qui s'élève toujours, soit par des déserts pierreux, soit par de maigres forêts de chênes-lièges rabougris.

C'est monotone : pendant ces 57 kilomètres, une seule maison sur la route, la maison forestière, deux seuls êtres humains rencontrés la femme et la fille du forestier, toujours des montées et des descentes parfois très dures au milieu de forêts qui la plupart du temps ne sont que des broussailles. Çà et là des bornes commémoratives rappellent les meurtres commis par Areski, un bandit qui il y a douze ans commit par ici une trentaine d'assassinats.

Enfin le soir nous atteignons Yakouren : déception ! l'auberge n'existe plus, il faut gagner Azazga, à dix kilomètres. Nous sommes maintenant dans une véritable forêt, épaisse et haute, celle des Bou-Hini où dit Conty « les « sangliers et les panthères abondent. Si cette « dernière est peu à craindre le jour, ajoute-t-il, « il n'en est pas de même la nuit ! »

Et voici la nuit ! Les panthères m'inquiètent peu malgré Conty, et quoiqu'à l'hôtel Lambert où nous avons déjeuné l'une d'elles ait enlevé un pourceau il y a un mois ; nous ne sommes plus aux temps où Bombonnel en faisait des hécatombes. L..., essaie bien de m'effrayer en tirant deux coups de revolver et en criant : « Une panthère ! » il n'y réussit pas et nous roulons tant bien que mal dans une obscurité à peu près complète quand tout à coup, v'lan ! mon vélo s'arrête, il est bloqué : qu'a-t-il ? Je ne sais.

Il fait nuit noire. Je remonte, je force, et tant bien que mal je roule encore un ou deux kilomètres. Il faut enfin m'arrêter : impossible de faire un tour de plus. O chance ! quelques lueurs apparaissent là-bas, nous sommes à la limite de la forêt. Mon compagnon va à la découverte et après une heure je le vois revenir avec une lanterne : Azazga est à cinq cents mètres

Dire qu'Azazga fut la bienvenue est inutile : l'auberge eût-elle été un taudis infect nous l'eussions acceptée avec joie et l'hôtel du Commerce était bon. Un cocher kabyle m'y vola bien mes bottines que j'avais mises à la porte de ma chambre, mais, circonstance atténuante, ce cocher était celui du Procureur de la République alors en tournée et qui trouva la chose amusante.

C'était peut-être ma punition d'avoir le soir, avant de me coucher, défendu ou plutôt expliqué, un peu par conviction et beaucoup par paradoxe, l'arrêt du jury d'Aix si doux pour les accusés de Margueritte, ces indigènes qui s'étaient un jour rués sur les colons, en avaient massacré plusieurs et avaient incendié le village, arrêt qui a soulevé une violente indignation parmi tous les colons de l'Algérie.

Aussi mes contradicteurs de la veille ne manquèrent-ils pas de s'égayer de ma mésaventure. « Ces Kabyles, disait l'hôtesse, tous « canailles, tous voleurs. Tenez, vous voyez ce « gamin, et elle montrait son petit domestique, « il crèverait de faim sans les Français, eh bien ! « demandez-lui s'il ne voudrait pas les tuer « tous ; n'est-ce pas Ahmed ? » — « Oui, oui, « répondait le gamin moitié riant, moitié « sérieux, les Français, nous les chasserons, « nous les tuerons tous. »

Ma foi, au fond, je ne pouvais lui donner tort et si j'étais à sa place je penserais sans doute de même, à Azazga surtout fondée sur des terres confisquées aux Kabyles après l'insurrection de 1871. Nous apportons, disons-nous, la civilisation : la nôtre; mais ces peuples n'avaient-ils pas et n'ont-ils pas la leur? Laquelle est la meilleure, laquelle rend l'homme plus heureux ? La réponse ne serait peut-être pas en notre faveur. En tous cas, ils ne nous ont pas demandé ces soi-disant biens et, venant de la main d'un conquérant, d'un maître, ils cessent d'être des biens. Ce n'est pas pour eux que nous avons travaillé, c'est pour nous. Un Alsacien doit-il reconnaissance aux Allemands pour les embellissements de Strasbourg?

Les Kabyles étaient en luttes perpétuelles et intestines, nous leur avons apporté la paix, mais s'ils n'en voulaient pas, si, comme la Martine de Molière, ils voulaient se battre et être battus, c'était leur affaire après tout. Et puis, que de privilèges aux Européens, que de dénis de justice aux indigènes, que de lourds impôts pour eux seuls, que de vexations, que de rapines imposées par la force! Colon, je penserais sans doute comme les colons, mais ce sont ces avanies continuelles qui expliquent, sinon excusent, l'indulgence du jury d'Aix. Des colons n'ont-ils pas demandé qu'on en finisse avec les Arabes, comme les Américains en ont fini avec les Peaux-Rouges ? J'ai cité ce mot authentique de l'un d'eux : « Quelques milliers de litres « d'absinthe suffiraient. » Non encore une fois, je n'en saurais vouloir au gamin d'Azazga de ses souhaits peu charitables.

Sont-ils bien de lui d'ailleurs, et ne lui ont-ils pas été soufflés ? Les Anglais, m'a-t-on assuré, (et M. G. Claretie confirme expressément ce « mouvement anti-français »), font une propagande active en Kabylie sous le couvert de ces bons missionnaires qui empoisonnaient nos soldats à Madagascar et de leurs épouses à longues dents. L'Armée du Salut elle-même manœuvrerait de ce côté. A l'aide de colifichets et de bijoux de pacotille ces dames gagneraient peu à peu la confiance des indigènes, et un Algérois m'a affirmé avoir entendu couramment des Kabyles dire : « Les Anglais sont riches « et quand ils seront là nous ne paierons plus « d'impôts. » L'administration ferme les yeux, elle n'a jamais songé à expulser les soldats de la Salvator Army et quant au sénateur...... mais c'est là de la politique, revenons au voyage.

Azazga fondé vers 1880 est un village entièrement français. Larges avenues bordées d'arbres, place publique et fontaine, mairie, écoles et gendarmerie, il possède tout ce que possèdent les villages créés en Algérie : les fonctionnaires sont là. Il ne lui manque que les colons, ils viendront peut-être.

D'Azazga la route descend par de longs lacets dans la vallée du Sebaou, le fleuve kabyle qui ne tarit jamais et qui sépare la région presque déserte des grandes forêts de celle du sud, cultivée et populeuse.

Nous roulons à force de pédales, il faut en effet que nous arrivions à temps pour profiter de la diligence qui monte à Fort National et nous sommes partis très tard d'Azazga : il a fallu plusieurs heures pour tant bien que mal réparer mon pauvre vélo et le mettre en état de rendre encore service. Comment même avais-je pu rouler la veille? Un écrou était perdu, les billes ne formaient qu'une bouillie et du cône brisé il ne restait qu'un filet ! Ce filet sauveur me permit de continuer ma route.

D'ailleurs le rôle des vélos était à peu près terminé jusqu'à Alger, la route de Fort National a des rampes trop dures et trop longues pour eux. Nous les déposons au pied de la montagne à l'huilerie de Tak-Sebt et nous rejoignons à pied la route par un raidillon boueux! Oh ! ce raidillon, quel souvenir ! comme il me sembla long à gravir ! Du reste, mon compagnon, malgré sa vigoureuse jeunesse, semblait presque aussi harassé que moi, quand nous atteignîmes enfin la route. Dieu soit loué ! nous arrivions à temps ; nous pouvions même déjeuner à l'ombre d'un talus.

La route de Fort National a été construite au

milieu des combats livrés pour la conquête de la Kabylie. Elle fut, chose incroyable, terminée en dix-sept jours et le 21 juin 1857 une section d'artillerie, partie de Tizi-Ouzou arrivait à l'emplacement actuel du Fort. Le terrible combat d'Icheriden qui détermina la soumission des Beni-Raten, la plus puissante tribu kabyle, est du 24 juin. Cette route est donc surtout stratégique ; aussi couronne-t-elle la crête centrale du massif kabyle, entre la vallée du Sebaou au nord et les montagnes qui s'échelonnent au sud jusqu'à la grande chaîne du Djurjura.

Tout son parcours offre des panoramas grandioses. Elle contourne le village d'Adeni, mais avec de si longs lacets qu'il est aisé aux voyageurs de descendre de la diligence et de la rejoindre après avoir traversé le village.

Comme tous les villages kabyles, Adeni ne ressemble guère aux villages arabes.

Les maisons s'éparpillent avec la même fantaisie et leurs murs ne sont guère plus avenants, mais les maisons kabyles sont en pierres et couvertes uniformément de toits en tuiles rouges. Nous ne sommes plus au Djérid où les pluies atteignent à peine douze centimètres par an, nous sommes dans une région froide, pluvieuse, où les terrasses seraient un contre-sens. Pourtant pas plus qu'au Djérid les maisons n'ont de cheminées, la fumée s'échappe comme elle peut par les fenêtres, par les fentes du toit. Autre différence, les maisons sont serrées les unes contre les autres et les premières sont reliées de manière à former l'enceinte du village, enceinte continue autrefois, nécessaire alors que les communes étaient en guerres perpétuelles.

Quant au costume des indigènes, si beaucoup d'hommes ont conservé le burnous, un certain nombre, les pauvres surtout, se contentent d'une tunique serrée à la taille par une ceinture, les jambes nues. Les femmes ont le visage découvert et tatoué en bleu de signes différents pour chaque village. Leur tête est entourée d'un foulard qui ressemble à la « marmotte » des paysannes des environs de Paris et qui se noue différemment selon que la femme est mariée ou non. Les bijoux ont aussi leur signification. « Le nombre des enfants s'indique « par les épingles de la coiffure. Un garçon « donne à la mère le droit pendant deux mois « à une broche ronde sur le front; pour une « fille, elle la porte à la poitrine. » (Charveriat.)

Fort National, autrefois Fort Napoléon, est un bourg européen construit autour de la forteresse dont il a pris le nom. Celle-ci est à 974 mètres d'altitude et est bien, comme le disent les indigènes, « l'épine dans l'œil de la « Kabylie ». C'est le « fantôme blanc qui chaque « jour lui répète : Souviens-toi. » Des remparts de la citadelle, la vue s'étend sur toute la Kabylie : panorama magnifique que cette superbe chaîne du Djurjura avec ses sommets dentelés resplendissants de neige, et cette infinité de cimes et de pitons couronnés de villages qui ressemblent à des vagues crêtées d'écume venant se briser au pied d'une falaise cyclopéenne.

La population est en effet extrêmement dense, et comme malgré tout le soin des habitants à ne pas perdre une parcelle de terrain le sol ne suffit pas à les nourrir, le Kabyle émigre volontiers pendant une partie de l'année pour aller travailler dans la plaine. Ce sont les Kabyles qui labourent et ensemencent la Mitidja et vont au loin piocher les vignes algériennes, ce sont eux qui servent chez les colons, et eux aussi qui, il y a neuf ans, requis pour les transports de l'armée, ont été par milliers mourir de la fièvre dans les marécages de Madagascar.

Les Kabyles, ces anciens Berbères qu'aucun des conquérants africains n'avait pu dompter, n'ont cédé aux troupes françaises qu'après une résistance désespérée et ils n'ont pas encore accepté complètement leur défaite. Le « fantôme blanc » de Fort National n'a pas toujours suffi à les intimider et en 1871, ils furent les premiers à se soulever. Fort National fut bloqué pendant deux mois ; il l'est encore un peu aujourd'hui car les zouaves de la forteresse, s'ils se hasardaient dans les villages des alentours, y seraient reçus à coups de pierres.

Le Commandant a dû interdire aux soldats d'y pénétrer. Singulière situation que celle de ce pays français où ne peuvent aller les soldats français. Cette défense n'a pas peu contribué à augmenter l'insolence des indigènes désormais dans leur droit en refusant l'accès de leurs villages, et il y a un mois, m'assurait un sergent de zouaves, trois zouaves « en bordée » ont dû dégainer. Le sergent avouait d'ailleurs que la garnison n'est pas précisément composée de l'élite du régiment ; Fort National est un peu considéré comme une sorte d'étape vers les compagnies de discipline et le Commandant a voulu éviter des rixes et des querelles. « C'est « égal, ajoutait le sergent, ce n'est pas gai « d'être ici où on n'a pour distraction que la vue « du Djurjura et certains jours, par un temps « très clair, un coin de mer entrevu au nord. »

Heureusement l'ostracisme dont sont frappés les zouaves ne s'étend pas aux touristes, et il n'y a pas d'exemple que ceux-ci aient été insultés dans les villages indigènes.

Nous le vîmes bien le lendemain, quand sur nos mulets (de beaux mulets, bien harnachés qui ne ressemblaient guère aux pauvres bêtes de l'Aurès), nous entrâmes dans Taourirt-Amokrane, à trois kilomètres de Fort National.

Une nuée d'enfants déguenillés s'attacha à nos pas, nous entourant, nous suivant, battant des mains et criant sans discontinuer : « jette « un sou ! jette un sou ! » C'était exaspérant. Les hommes heureusement ne se mêlaient pas à cette foule piaillarde et insupportable, ils se contentaient de nous regarder, mais comment voir quelque chose au milieu de ce concert assourdissant ? Quant au village, les *Tableaux algériens* nous le décrivent : « Deux rangées de « maisons basses construites en pierres brutes, « couvertes de tuiles grossières, sans ouver- « tures sur la rue, et séparées toutes par une « étroite impasse qui s'évanouit à vingt pas au- « dessus du gouffre. Chaque foyer prend son « jour dans cette impasse : elle offre une « agréable échappée sur le pays et les habitants « peuvent de chez eux surveiller les alentours.

« Au centre à peu près du village, la file des « constructions est interrompue par une petite « place ouverte sur les perspectives bleues du « grand Atlas.

« Un vestibule ouvre sur la place et sur un « hangar où trois femmes sont occupées à faire « tourner la meule à broyer l'olive. »

C'est la peinture de tout village kabyle et depuis le jour où Guillaumet a écrit ces lignes rien n'a changé à Taourirt-Amokrane : maisons, impasses, hangar, meule, tout est là. Les femmes seules manquent, mais ne cherchez pas loin, les voilà tout près qui répandent les olives au soleil sur le pavé d'une cour; dans quelques jours sans doute elles viendront au hangar et tourneront sa meule.

Une mosquée à minaret carré serrée entre les maisons du village occupe la pointe du piton rocheux; cinq ou six élèves y ânonnent les versets du Koran.

L'instruction française est obligatoire en Kabylie, aussi la plupart des enfants parlent notre langue, ou du moins en connaissent quelques mots. Quels seront les résultats de cette tentative ? Jusqu'ici, ils sont non seulement nuls, ils sont mauvais. « L'hostilité d'un indigène, « a écrit un professeur algérois, se mesure à « son degré d'instruction française. Plus il est « instruit, plus il y a lieu de s'en défier. Tout le « monde, sans exception, est d'accord là-des- « sus. Je me suis longtemps insurgé contre « cette vérité désespérante, maintenant ma con- « viction est faite. »

Le Kabyle est pourtant plus assimilable à nous que l'Arabe, bien que le Koran soit un obstacle à peu près insurmontable au rapprochement des deux races; nous avons vu en plusieurs villages des enfants très intelligents, mais combien vaniteux de leur science !

Un jeune homme d'une vingtaine d'années, qui pourtant n'avait pas vu jouer *Blanchette*, ne se gêna pas pour nous dire que le gouvernement lui devait une place puisqu'il l'avait forcé à apprendre le français, « il était savant, lui, il « n'était pas comme tous ceux-là qui ne savaient « rien ; aussi voulait-il aller à Paris où il trou- « verait facilement à gagner sa vie. Pourquoi ne « l'emmènerions-nous pas ? »

Nous tâchâmes d'éclairer le pauvre garçon, ce fut peine perdue, et je ne serais pas surpris qu'un jour ce malheureux vînt mourir de faim à Paris.

Et ce n'est pas assez; on instruit aussi les filles! On paie dix francs par mois aux pères qui veulent bien confier les leurs, on prend des orphelines, on racole par tous les moyens. Ah! les malheureuses! Celles-là, leur sort est clair: elles ne se marieront jamais et la plupart iront jouer les Ouled-Nails à Biskra ou ailleurs.

Quel musulman voudrait les épouser?

Les villages des Beni-Yenni sont plus au sud. Un bon chemin construit l'année dernière permet d'y accéder. Chose caractéristique, les Kabyles l'ont adopté tout de suite et nous en rencontrons un certain nombre, qui à pied, qui à âne, suivant les lacets du chemin. Des Arabes certes eussent continué à se servir de l'ancien sentier pierreux et escarpé, non que le temps leur compte pour quelque chose, mais par routine, par mépris de l'œuvre du Roumi, comme ils continuent à se servir de leur charrue antédiluvienne à côté de la charrue brabant des colons. L'exemple est mal choisi, car le Kabyle, pas plus que l'Arabe, n'a voulu changer sa charrue ; mais nos instruments perfectionnés manœuvreraient-ils facilement sur les pentes raides de ces montagnes?

Le terrain arable est rare, aussi les habitants en utilisent la moindre parcelle et souvent soutiennent quelques mottes de terre par une muraille, comme les riverains du Rhin les espaces étroits où ils plantent leurs vignes. Tel champ d'orge n'a pas quatre mètres carrés.

Les figuiers, les oliviers, les frênes, les caroubiers jaillissent de la moindre fente de rocher, et atteignent parfois des dimensions colossales.

Nous déballons nos conserves à l'ombre d'un olivier centenaire, à deux pas d'un ruisseau cascadeur, en face d'un paysage agreste et vert que commandent à l'horizon les dures lignes de Fort National; mais, scrupuleux observateurs de la Loi, nos deux muletiers refusent de partager nos provisions. Ils flairent, défiants, notre bœuf conservé et prétendent qu'il est cuit dans de la graisse de porc; quant au vin, ils n'en ont bu une goutte de leur vie. Combien de dévôts catholiques sont aussi intransigeants?

Aux villages des Beni-Yenni, moins fréquemment visités que Taourirt-Amokrane, nous ne sommes pas excédés par la foule criarde des enfants; ceux qui nous approchent nous souhaitent seulement le « bonjour » et les fillettes nous suivent craintivement. Si nous nous retournons brusquement, c'est une fuite soudaine, une envolée éperdue dans les ruelles et les allées des maisons. Les hommes, eux, portent silencieusement la main à leur front et font le salut militaire. Ce sont bien les frères des Chaouias de Menaah.

Pourquoi parmi eux tant de chevelures blondes, de barbes rousses et d'yeux bleus? Sont-ce les fils des Lybiens autochtones, des déserteurs romains ou des Vandales? Les ethnologues discutent, et discuteront longtemps *en cha Allah!*

Pendant que nous buvons le kaoua chez le bijoutier du village (car les Beni-Yenni sont des bijoutiers renommés) un indigène s'avance et souriant, tend la main à L... Encore une connaissance de l'Exposition, un nommé Achri ; on se reconnait, on se félicite et Achri nous conduit chez lui.

La salle où il nous offre le café est misérable, deux bancs et quatre murs blancs ; pourtant Achri est un gros négociant, je ne sais trop en quoi. Il a fait, dit-il, d'excellentes affaires à Paris ; depuis, il est allé à une autre exposition, à Vienne, je crois, et il ne demande qu'à recommencer.

Expansif quand il s'agit de parler de ceux qui étaient avec lui à Paris, il se montre très réservé dès qu'on met sur le tapis soit la vie intime, soit les sentiments des indigènes à l'égard des conquérants. L'impôt a été considérablement augmenté en 1887 ; c'est la *lezma,* sorte d'impôt sur le revenu. Les indigènes sont d'après leur fortune divisés en cinq classes, et naturellement trouvent trop élevée la classe dans laquelle ils sont rangés, voilà à peu près tout ce que nous pouvons apprendre. Achri nous dit aussi que les femmes kabyles d'une certaine situation ne sortent que très rarement ; nous le savions. Les siennes n'ont jamais dépassé les limites de la commune. Si leur appartement est aussi luxueux que la pièce de réception je les plains.

Quant à l'organisation municipale qui, autrefois, faisait de chaque commune une petite république autonome, gouvernée par un *amin* élu par la *djemâa* c'est-à-dire par l'assemblée générale des citoyens, elle avait survécu à la conquête, et le maréchal Randon avait promis aux Beni-Raten de la respecter. La parole fut tenue, mais quand, à la chute de l'Empire, les grands chefs se virent soumis à des « mercantis » et à des Juifs, ils s'indignèrent. Une lettre de Crémieux amena l'insurrection : « Je n'obéirai « jamais à un Juif, répondit Mokrani, je veux « bien me mettre au-dessous d'un sabre, dût-il « me trancher la tête, mais au-dessous d'un Juif, « jamais, jamais ! »

Après la défaite des insurgés, la nomination des amins fut retirée aux communes et réservée à l'administrateur français.

Les pouvoirs des djemâas furent également très diminués, cependant ces djémâas existent toujours. Dans tout village kabyle on trouve une salle plus ou moins grande, ouverte à tous les vents, le plus souvent traversée par une rue, et dont les côtés sont garnis de bancs en pierre; c'est la djemâa, un même mot servant à désigner l'assemblée et l'endroit où elle se réunit.

Sous la domination française, les luttes sanglantes de commune à commune ont disparu, mais il en est resté un vestige dont, du reste, nous aurions bien tort de souhaiter la disparition, puisqu'il est un obstacle à une coalition des tribus, ce sont les *çofs*, tous ennemis les uns des autres. — « Le çof ressemble à nos par« tis, mais il ne connait que la défense des inté« rêts privés de ses membres. Empêcher l'in« dividu d'être opprimé par le nombre, tel est « sa raison d'être; c'est par sa naissance qu'on « entre dans un çof et on n'en sort pas sans un « motif grave. Le çof s'étend sur toute la con« fédération, toujours prêt à défendre par tous « les moyens, au besoin les armes à la main, « celui de ses membres qui serait opprimé (E. « Fallot). » Un Kabyle qui hésiterait à sauver par un faux témoignage un homme de son çof serait déshonoré.

D'Aït-Hassem, le village d'Achri, un sentier raide et abominablement rocailleux descend vers l'oued. La Kabylie n'en connaissait pas d'autres autrefois; c'est de pareils chemins que nos troupiers durent en 1857 escalader sous une fusillade terrible, car les Beni-Yenni furent avec les Beni-Raten et les Aït-Fraoucen les plus opiniâtres à la résistance. La prise des villages des Beni-Yenni termina la campagne.

A la nuit tombante nous entrons dans Michelet.

A peu près à mi-chemin de Fort National au col de Tirourda, Michelet (autrefois Aïn-el-Hammam), à cent vingt-quatre mètres d'altitude, ne se compose que de quelques maisons européennes échelonnées le long de la route. C'est cependant un centre communal dont les villages dispersés sur 26.000 hectares comptent 62.800 habitants, soit 240 par kilomètre, plus que dans notre département du Nord.

Le lendemain, de bonne heure par un soleil radieux, nous prenions la direction du col de Tirourda. Ne l'ayant pu atteindre par l'est, nous y parviendrions peut-être par l'ouest. La route, prolongement de celle de Fort National, continue à offrir un panorama admirable. Tout le Djurdjura déroule à nos yeux ses massifs imposants de l'Haïzer à l'Akouker d'où émerge la Lella-Khadidja haute de 2308 mètres. Non loin de cette cime maitresse on remarque une muraille noire et dentelée que les indigènes appellent la main du Juif, je ne sais pourquoi, car si les dentelures dessinent vaguement des doigts, cette main est largement ouverte. La neige qui recouvre les sommets et qui parfois descend assez bas augmente la majesté du spectacle.

Passer à côté du village de Tifferdoul sans y entrer serait manquer à nos principes. Il n'a rien de particulier : mosquée plus que simple, où sur le minaret trapu, une patte levée, dans une attitude héraldique, rêve immobile un couple de cigognes, et djemâa très-modeste. Un notable nous offre le café ; nous nous excusons, la matinée est déjà trop courte pour nos projets.

Un peu plus loin à droite voici le hameau de Sidi-Ahmed, agglomération de paillottes rondes en branchages semblables aux huttes des nègres de l'Oubanghi et du Fouta-Djallon.

Sous les figuiers et les oliviers elles produisent un effet charmant.

Depuis Michelet nous avons longé en corniche le flanc de la montagne, toujours en nous rapprochant de la chaîne principale ; elle est maintenant tout près de nous et par une rampe rapide nous en escaladons le premier gradin.

Le paysage change subitement ; ce ne sont plus que montagnes abruptes, rochers majestueux et sauvages, pointes aiguës, abîmes profonds que traversent en tournoyant de petits vautours jaunes, les charognards, si communs en Kabylie. A une centaine de mètres au-dessous de nous, une sorte de tombeau ; c'est une mosquée, la dernière de la Kabylie et c'est aussi un abri contre les tourmentes de neige. Plus bas au fond du ravin, un village, Tirourda.

La route s'accroche à la montagne, la contourne, s'y suspend par instants et enfin, arrêtée par une paroi de rochers, la perce ; un peu plus loin, un second tunnel nous amène en vue du col. L'hôtelier de Talzmatt a dit vrai, il est infranchissable ; à quelques centaines de mètres de nous, la route disparaît sous la neige.

Il faut revenir sur nos pas, non sans avoir longuement admiré ce paysage alpestre. Quel coup de théâtre, quand au détour de la route, la Kabylie apparaît soudain avec ses innombrables villages perchés sur des pitons, ses bosquets sombres, ses champs d'un vert vif, et jetée au travers de tout cela, la ligne blanche de la route, « cette lame de sabre sur le cou de « la Kabylie ! »

Nous sommes de retour à Michelet pour déjeuner.

Aussitôt le café pris, nous remontons à mulet ; nos muletiers qui retournent à Fort National, ont consenti à se détourner et à nous amener au pied du principal village des Beni-Menguellet. Là nous disons adieu à ces braves gens qui partent tout heureux d'une chaude poignée de mains et plus encore sans doute d'un pourboire bien mérité.

Du village des Beni-Menguellet j'ai conservé le meilleur souvenir. Pourquoi? Je ne saurais trop le dire. Les maisons, le minaret, la djemâa sont quelconques, les rues sont aussi raides, pierreuses et tortueuses que n'importe en quel village; la vue y est splendide, mais pas plus que celle admirée aux Beni-Yenni, à Michelet ou à Tifferdoul. Peut-être est-ce parce que nous avons vu là les plus beaux enfants, les plus jolies fillettes, une surtout dont les yeux immenses ombragés de longs cils étaient merveilleux. Les garçons parlent couramment le français et le lisent aisément : ils sont instruits par les Pères Blancs qui ont une école au pied même du village.

Cette école est fréquentée par environ cent cinquante élèves, car, chose bizarre, les Kabyles, si réfractaires aux écoles officielles, n'hésitent pas à y envoyer leurs enfants. L'instruction des Pères est gratuite et jamais, sous aucun prétexte, il n'est question de religion; c'est, a dit un magistrat algérien, la laïcité par des religieux. Les Pères enseignent à leurs élèves les grands principes de morale pratique et ils s'efforcent de leur donner l'amour de la France. Ne sont-ils pas expulsés maintenant?

Les femmes des Beni-Menguellet m'ont paru

d'un type plus régulier qu'ailleurs, bien qu'un affreux tatouage, des croix et des signes bleus sur le front et le menton les défigurent.

Il n'est du reste pas facile de les examiner; toutes, les jeunes surtout, se sauvent à notre approche et nous avons bien ri d'une troupe de fillettes qui en fuyant L.. étaient venues se jeter sur moi resté en arrière. Prises entre deux feux, les pauvrettes ne savaient où se réfugier.

Quand nous quittâmes le village, la nuit tombait. Assis sur le talus du chemin creux, nous voyions tour à tour défiler les travailleurs la pioche sur l'épaule, les femmes pliées sous le lourd faix des branchages, les moutons se bousculant, les chiens, les bœufs et les ânes chargés revenant des champs. Tout cela montait, passait et disparaissait sous la porte du village et dans le crépuscule de plus en plus sombre, ces hommes vêtus de burnous ou de blouses, jambes nues, ces femmes au costume oriental, ces troupeaux bêlant et mugissant évoquaient invinciblement les souvenirs bibliques, et j'entendais en ma mémoire chanter les beaux vers qui commencent le *Kaïn* de Leconte de l'Isle.

A l'aube du lendemain, il y avait foule devant le bureau communal; deux ou trois cents Kabyles attendaient qu'on leur délivrât la permission de quitter leur village pour aller travailler au loin, car, sans que je m'explique bien l'utilité de cette tracasserie, l'indigène ne peut sans autorisation sortir de ses montagnes.

Nous qui n'avions pas besoin du visa de l'administrateur, nous montions sur l'impériale de la diligence où heureusement nous avions trouvé place, car dans l'intérieur s'entassaient je ne sais combien de sacs et d'indigènes plus ou moins « habités ».

La brume couvrait encore les vallées, et les nuages blancs, pompés par un soleil déjà chaud, escaladaient lentement les pentes du Djurdjura avant d'aller se dissiper dans le ciel bleu.

Autre aspect différent, mais non moins pittoresque de la Kabylie.

A huit kilomètres de Fort National, nous passons à une cinquantaine de mètres au-dessous d'une pyramide de pierre blanche qu'on aperçoit de toute la contrée. Elle rappelle les deux combats qui, en 1857 et en 1871, décidèrent de son sort. Ce village tout là-haut est en effet Icheriden, la « montagne de la victoire » des poètes kabyles, devenue pour eux celle de la défaite.

Comment nos soldats ont-ils pu s'emparer de ces sommets que défendaient 4.000 Kabyles abrités derrière des murailles crénelées, des gros troncs d'arbres et des poutres? Jamais en Algérie, sauf à Zaatcha, la résistance ne fut aussi acharnée et j'ai connu tel soldat de Crimée qui disait n'avoir jamais entendu fusillade plus nourrie.

A Fort National, nous nous arrêtons pendant une heure pour déjeuner. Puis c'est la descente vers la vallée par les longs lacets aux flancs de la montagne.

En bas nous retrouvons nos vélos au moulin où nous les avons laissés, et vite! en route ! Il faut arriver à Tizi-Ouzou pour prendre à quatre heures le train d'Alger. Et nous roulons, nous traversons l'oued Aïssi à deux pas de son confluent avec le Sebaou, nous ne sommes plus qu'à cinq kilomètres de Tizi-Ouzou, mais voici une longue et rude montée et il faut, sous un soleil ardent, pousser nos bécanes devant nous.

Enfin nous arrivons à Tizi-Ouzou, gros bourg européen aux rues régulières, aux maisons banales qui est le principal marché et le chef-lieu de la Kabylie.

Il n'offre aucun intérêt; du reste nous n'aurions pas le temps de le visiter et nous nous hâtons de gagner la gare.

Des ondulations rondes, sans arbres, des champs, des vignes, tel est le pays quand, à quelques kilomètres de Tizi-Ouzou, le chemin de fer a laissé sur la gauche les derniers contreforts du Djurdjura.

Les stations portent des noms sonores : Mirabeau, Camp du Maréchal, Haussonvilliers, cette dernière due à une colonie d'Alsaciens, amenée ici en 1872 par M. d'Haussonville. A Ménerville, la ligne de Tizi-Ouzou rejoint la grande ligne de Constantine et deux heures plus tard nous descendons à Alger.

CHAPITRE X

ALGER.

A Alger, L... désertait. Après une seule journée passée à parcourir la ville, il l'avait déclarée trop européenne. Il ne voulait pas, disait-il, par des images banales et connues, effacer de son cerveau celle des villages kabyles, des femmes aux beaux bras nus et des hommes à burnous. En vain avais-je insisté, lui avais-je parlé de Cherchell, de Blidah ; des tsiganes jouant à l'hôtel pendant le dîner lui avaient porté un dernier coup, et, pris d'une nostalgie subite de Paris il s'embarquait le 7 avril.

Le soir du même jour, je recevais moi-même une dépêche me rappelant d'urgence à Paris.

Que de choses pourtant restaient à voir !

Sans compter Alger et ses environs immédiats, Birkadem, Sidi-Ferruch, Notre-Dame d'Afrique, Bouzaréa, n'était-il pas déplorable de revenir en France sans connaître la Mitidja, Blida, Koléa, Tipaza, surtout le Tombeau de la Chrétienne et les ruines de Cherchell, l'ancienne Cœsarea ? Il le fallait pourtant et comme disent les Arabes, c'était écrit ; mais mauvais musulman, si je me soumis à la volonté d'Allah, ce fut en maugréant.

Du moins voulus-je bien employer les deux journées qui me restaient avant le départ du paquebot.

Un ami établi à Alger depuis trente ans m'accompagna et se fit mon cicérone.

Alger francisée ne ressemble guère à ce qu'elle était sous la domination turque. Je me sers à dessein de ce mot, car nous n'avons pas, comme on le dit fréquemment depuis que les tendances humanitaires ont fait de nos jeunes gens les citoyens d'un monde d'où l'on n'exclut que la France, nous n'avons pas, dis-je, mis fin à l'indépendance des Algériens. Seuls les Kabyles étaient libres du joug de l'étranger.

Alger, comme le reste du pays, était soumise aux Turcs depuis qu'au commencement du XVIe siècle les deux frères Barberousse, Aroudj et Khaïr-ed-Din, s'y étaient établis et avaient créé l'odjack d'Alger en subjuguant les Arabes.

Ceux-ci avaient remplacé les Byzantins. Les Byzantins (je parle comme les généalogistes des Évangiles), avaient remplacé les Vandales qui avaient succédé aux Romains, lesquels avaient dépossédé les Carthaginois. Quant aux autochtones, ils n'ont fait que passer d'un conquérant à un autre, et si aujourd'hui les races sont unies sous l'Islam, elles ne se sont pas encore confondues.

Le 5 juillet 1830, quand l'armée française y pénétra, Alger était, sur une pente extrêmement raide, un dédale de ruelles tellement étroites que « les essieux de l'artillerie pour « gagner la Kasba renversaient à chaque ins- « tant des pans de muraille. » Une enceinte crénelée, hérissée de crocs de fer où étaient encore fixées les têtes des prisonniers français, défendait la ville et n'était percée que de quelques portes, la Bab-Azoun, la Bab-el-Oued, la Bab-el-Djedid. Au sommet se dressait la Kasba ; au bas s'ouvrait un port mal protégé par la jetée Khaïr-el-Din et par l'îlot du Penon.

Si comme à Tunis l'occupation s'était faite pacifiquement, nul doute que, laissant intacte l'ancienne et raide Djezaïr, les Français eussent pour y édifier la ville nouvelle, choisi la belle plage où s'épanouit aujourd'hui Mustapha, mais les nécessités de la défense s'imposèrent d'abord aux conquérants.

Leur premier soin fut à travers toutes ces ruelles de jeter de larges voies droites où les canons pourraient passer librement. Au fur et à mesure que les colons affluèrent, ils renversèrent des quartiers entiers, enserrèrent entre des digues un vaste port de quatre-vingt-seize hectares, et comme la déclivité du terrain s'opposait à la construction de maisons le long du rivage, on éleva en façade sur la mer un colossal mur de soutènement, haut d'une vingtaine de mètres, dont les arceaux supportèrent un large boulevard bordé de maisons monumentales : c'est le boulevard de la République.

La ville augmentant toujours on jeta bas l'enceinte, sans même respecter la fameuse Bab-Azoun, la porte dans laquelle un chevalier de Charles-Quint avait enfoncé son poignard. Les indigènes furent cantonnés sur les pentes de la montagne, et, tandis qu'au nord le faubourg Bab-el-Oued abritait les travailleurs et les artisans, de fastueuses avenues s'allongèrent au sud et rejoignirent la jeune Mustapha qui recevait la population riche et la foule sans cesse croissante des hibernants.

Vue de la mer ou du phare élevé sur l'emplacement de l'ancien fort Penon, Alger avec les hautes arcades qui soutiennent ses boulevards, ses larges rampes, ses somptueuses maisons, mérite bien le nom de Superbe qui lui fut donné à une époque où elle ne devait guère y avoir droit qu'au sens latin du mot.

Le fort Penon dont je viens de parler fut construit en 1509 par les Espagnols sur un îlot à deux cents mètres du rivage pour forcer les Algérois à abandonner la piraterie, comme ils venaient de s'y obliger par traité.

Ne pouvant plus débarquer leur butin à

Alger, ils le descendirent au cap Matifou ou à la baie de Sidi-Ferruch. C'était gênant, aussi, comme le Cheval qui veut se venger du Cerf, appelèrent-ils à leur aide un écumeur de mers, Aroudj-Barberousse, qui ne prit pas le Penon mais prit Alger.

En 1529, son frère Khaïr-ed-Din s'empara enfin de la forteresse espagnole; elle résista littéralement jusqu'au dernier homme, puisqu'au moment de l'assaut les Turcs ne trouvèrent sur la brèche que le gouverneur Martin de Vargas, l'épée à la main. Tous les soldats étaient morts ou tellement affaiblis qu'ils n'avaient pu s'armer. Le Penon fut rasé et ses matériaux servirent à construire la jetée qui relie la petite île au rivage.

Le quartier européen n'a rien d'original. Les rues, toutes parallèles à la mer, sont bordées de riches magasins et sillonnées de tramways comme celles de toutes les grandes villes du monde. Les places, larges et rectilignes, sont, comme partout, entourées de cafés, d'hôtels et d'édifices publics.

La place du Gouvernement, où sur un cheval de bronze caracole le duc d'Orléans, le vainqueur de la Smala, mérite cependant une mention : la muraille dentelée, éclatante de blancheur qui forme un des côtés, et le haut minaret qui en surgit ont gardé un caractère tout oriental et très pittoresque.

C'est la mosquée de la Pêcherie, construite, dit-on, par un esclave chrétien que le dey fit empaler pour avoir donné au monument la forme d'une croix. C'est une des trois mosquées dont l'entrée est permise aux mécréants, bien entendu préalablement chaussés de babouches (coût 0 fr. 25). Elle a en effet la forme d'une croix surmontée d'une coupole mais n'a rien de remarquable, pas même son plan qui est commun à plusieurs mosquées. La célèbre mosquée du sultan Hasan au Caire et bien d'autres sont cruciformes et je ne sache pas que leurs architectes aient été chrétiens ni empalés.

Tout à côté est la grande mosquée qui date du XIe siècle et est également accessible aux Roumis. Ses onze nefs sont séparées par des piliers carrés et trapus dont les fûts sans chapiteaux ni abaques sont reliés par des arcs plus hauts qu'eux-mêmes ce qui donne à l'édifice un aspect lourd mais puissant. En la comparant à la mosquée de Cordoue ou à celle de Kairouan on pourrait dire que celles-ci représentent le style gothique de l'Islam et la mosquée d'Alger son style roman.

Sur la rue de la Marine, la mosquée est précédée d'une longue galerie dont les arceaux retombent gracieusement sur des colonnes de marbre blanc aux chapiteaux enguirlandés de pampres, mais ce portique est moderne : il date de 1837.

Cette rue de la Marine aboutit à un coin original, l'escalier de la Pêcherie. On se croirait dans quelque port italien ou provençal : marchands de poissons, débitants de coquillages sont installés sous les voûtes et sur les marches. Là viennent boire, manger des oursins et piquer des clovisses, tous les matelots débarquant ou en bordée ; les *bagasse* s'y croisent avec les *per Baccho*, et comme à nos halles parisiennes, les élégants ne dédaignent pas de se mêler parfois aux débardeurs et aux fêtards de bas étage.

La troisième mosquée est celle de Sidi-Abd-el-Rahman, mais l'entrée n'en est permise aux chrétiens que deux jours par semaine et j'étais mal tombé. Je n'en pus donc voir que l'extérieur, décoré par un élégant minaret revêtu de faïences dont les frises courent entre quatre étages de colonnettes.

Je pus pourtant par une porte complaisamment ouverte (ô puissance du *backchich* sur les bedeaux de tous poils !) voir le tombeau du marabout, patron de la mosquée.

Abd-el-Rahman, mort en 1468, fondateur de l'ordre des Rahmanya auquel était affilié Abd-el-Kader, et qui fut, paraît-il, de l'espèce rare des saints savants, repose sous une petite koubba dans un tombeau dont la forme est impossible à préciser sous les draperies, les bannières et les drapeaux qui le cachent.

A côté de la koubba se pressent un grand nombre de tombeaux, dont plusieurs sont recouverts de dalles de marbre ou de brillantes faïences : beaucoup de hauts personnages ont voulu en effet reposer auprès du saint homme et parmi eux, sous un petit mausolée, on nous montre le tombeau d'Ahmed, la bête féroce qui fut le dernier bey de Constantine.

Ce cimetière aux tombes ombragées d'oliviers, d'orangers, de cyprès, où passent sans cesse des femmes arabes, semblables sous leurs longs voiles blancs à des fantômes silencieux, est ravissant de douce mélancolie. On y jouit d'une vue étendue sur la ville et sur la rade, car la mosquée est dans la partie haute d'Alger, à l'extrémité du quartier arabe. Elle touche au jardin Marengo, où les palmiers, les eucalyptus, les yucas, les araucarias se mêlent aux arbres de nos pays et d'où la vue se repose sur les collines de l'Observatoire et s'arrête à Notre-Dame d'Afrique, la basilique élevée il y a une trentaine d'années sur le cap Saint-Eugène, à 124 mètres de hauteur.

A ces trois mosquées on pourrait presque ajouter la cathédrale, car celle-ci a endossé un vêtement qui certainement a voulu être mauresque, et n'est parvenu qu'à être grotesque. Si l'architecte ne s'est évidemment pas inspiré des tours du Trocadéro puisqu'elles sont postérieures de vingt ans à son œuvre, il les a pressenties et en les enjolivant de balcons (les chanoines d'Alger chantent-ils comme les muezzins?), il les a plantées sur une muraille crénelée. Entre ces tours s'ouvre un beau porche arabe (je parle sans ironie) auquel on accède par un noble perron. L'édifice a cet avantage de pouvoir d'église devenir café-concert sans avoir rien à changer à sa façade.

Contre la cathédrale, un vieux palais mauresque qu'un « ingénieur » a masqué d'une façade vénitienne sert de résidence au Gouverneur qui lui préfère ordinairement, et je le comprends, sa villa de Mustapha.

Deux autres édifices ont gardé de plus visibles traces de leur origine : l'Archevêché, résidence des deys depuis l'invasion turque jusqu'en 1816, époque où Ali-Khodja, dans la crainte des représailles que pouvaient lui attirer ses atrocités, le quitta pour se retirer à la kasba, et la Bibliothèque, ancienne demeure particulière de Mustapha Pacha, le dey qui correspondit avec Bonaparte et qui en 1805 périt dans une émeute.

Les cours de ces deux palais s'enferment entre deux étages de charmantes galeries mauresques, soutenues par des colonnes torses. Des stucs ouvragés délicatement, de belles faïences bleues et jaunes recouvrent les murs et les plafonds ; des portes arabes artistement menuisées, des balustrades ajourées, des plantes et des arbustes complètent la décoration.

Aujourd'hui, ces deux palais se confondent dans ma mémoire tant ils se ressemblent.

Voilà à peu près les seuls monuments anciens intéressants d'Alger : on peut y ajouter, à cause de sa porte mauresque, une mosquée devenue aujourd'hui Notre-Dame des Victoires.

Quant aux monuments modernes, ils sont nombreux : le lycée, l'hôtel de ville, le théâtre, le palais de justice, la prison, tous de ce style officiel qui permet le repos aux cerveaux des architectes, et qu'on retrouve partout, de Dunkerque à Toulon, le même édifice étant ici mairie, là palais de justice ou théâtre selon l'inscription gravée à son fronton.

Un bâtiment qui n'est pas encore tout à fait terminé, l'Université musulmane, sort de cette banalité. C'est une belle construction mauresque qui a fort bon air et est certes ce que les Français ont édifié de mieux à Alger.

Avec ses faubourgs, Alger compte 140.000 habitants. C'est la seule ville d'Afrique où les Français soient en majorité ; ils sont 70.000, les indigènes ne sont qu'une trentaine de mille, le reste est juif, italien ou espagnol.

Le quartier indigène n'est pas vaste ; il n'en est pas moins extrêmement curieux. Si on n'y trouve pas les souks de Tunis, les rues en sont plus pittoresques, plus étroites, plus étranges que celles de la capitale de la Régence. Cela tient surtout à la pente escarpée sur laquelle les maisons sont bâties entre la kasba et la mer.

Les maisons y sont entassées d'une manière invraisemblable : les étages empiètent les uns sur les autres soutenus par des étais obliques en thuya, et les façades opposées, se touchant presque, laissent à peine filtrer entre elles un rayon de soleil qui coupe d'une raie éclatante le pavé de la rue.

Souvent même ce rayon ne peut glisser entre les murs, les ruelles noires s'assombrissent encore de voûtes et finissent en caveaux.

La plupart de ces ruelles ne sont que de longs et raides escaliers aux marches usées par le passage incessant et par l'eau qui, les jours de pluie, s'y précipite en torrents.

Çà et là, on découvre une porte élégante, aux chapiteaux sculptés, aux tympans ciselés, malheureusement recouverts chaque année d'une couche de badigeon dont les enduits successifs forment une croûte épaisse. Si ces portes s'ouvrent un moment, vous entrevoyez des marches vernissées de faïences ou une cour aux sveltes arcades, mais la vision disparaît aussitôt : c'est le *home* musulman.

« Voir une de ces maisons, dit Louis Énault, « c'est en voir mille, car si l'on tient compte « de la différence nécessaire des proportions

« selon la fortune des gens, le plan est toujours « le même. Que l'on imagine une cour pavée « en marbre blanc sur laquelle s'ouvrent plu- « sieurs pièces assez longues. Cette pièce est « entourée d'un portique de colonnes torses « aux chapiteaux ioniens que supporte une « galerie à balustrade en bois ouvragé, sur « laquelle s'ouvrent à leur tour les pièces du « premier étage. Le plus souvent cet étage est « unique et au-dessus de lui s'étend une ter- « rasse plate. »

Le soir, certaines de ces ruelles dont les noms expressifs semblent avoir été choisis à dessein, rue aux Grues, rue aux Oies, s'animent d'une clientèle spéciale et n'ont rien à envier aux rues arabes de l'Échelle à Constantine.

La kasba est située tout en haut de la ville, au milieu d'arbres et de bosquets, et si je n'en ai pas encore parlé, c'est que, transformée en caserne, elle n'a rien de remarquable.

Sa cour dallée de marbre et ceinturée de deux étages d'arcades soutenues par des colonnes de marbre blanc n'a qu'une vague parenté avec les portiques élégants de l'Archevêché ou de la Bibliothèque. On y montre le pavillon où l'ambassadeur de France, M. Deval, aurait reçu le fameux coup d'éventail, cause ou prétexte de la conquête. Je doute que le dey ait jamais donné audience à un ambassadeur dans un pareil taudis. Le coup d'éventail lui-même est-il absolument certain ?

Les environs d'Alger, m'assure mon cicérone, ont beaucoup perdu de leur charme depuis quelques années. Les bois ont été pour la plupart défrichés et remplacés par de fructueuses cultures de pommes de terre et d'artichauts, nos primeurs parisiennes ; les pinèdes, les olivettes, les vergers ont été transformés en terres de labour.

Venant pour la première fois en Algérie, je ne pouvais m'apercevoir de ces changements, et, dans une trop courte promenade en voiture, j'admirai sans réserve les sites magnifiques et les panoramas ravissants. Le temps nous favorisait : un soleil splendide et pas la moindre brume. On distinguait nettement les points les plus éloignés, bonheur rare, paraît-il.

Après avoir contourné le mamelon où derrière les arbres se cachent les murailles de Sultan-Kalassi (fort l'Empereur), construit quatre ans après l'échec de Charles-Quint à l'endroit même où l'Empereur avait établi ses batteries et dont en 1830 la prise amena la reddition d'Alger, nous gagnâmes le sommet des collines qui enserrent la rade, et dès lors, d'El-Biar, de la colonne Voyrol, surtout du cimetière de Mustapha supérieur, c'est une vue merveilleuse sur les collines, sur Mustapha, sur Alger et la mer bleue.

Partout ce sont des villas charmantes échelonnées sur les pentes, des jardins délicieux où les roses, les jasmins fleurissent au milieu des phœnix et des araucarias, des chalets enguirlandés de glycines et empourprés de bougainvilles, des hôtels luxueux aux façades ensoleillées où tout est réuni pour la joie des riches hibernants. Nous en visitons un, l'hôtel Saint-Georges qui est un véritable paradis avec ses galeries artistiques aux faïences mauresques, où trônent des dieux et des déesses trouvées à Cherchell et d'où la vue s'étend sur un décor incomparable.

Nous passons devant la résidence assignée à la reine Ranavalo pour sa villégiature forcée. La République est bonne fille et traite royalement la reine vaincue. Rome l'eût fait jeter à la prison Mamertine; heureusement pour elle, les temps sont changés.

Un peu plus loin, voici le palais d'été du Gouverneur, demeure féerique dont pourtant le Gouverneur ne s'accommode pas, dit-on; il voudrait quelque chose de plus digne de lui, il l'obtiendra. Contribuables, n'en doutez pas.

Enfin, plus en arrière, tout en bas, nous trouvons le jardin d'essai, la gloire d'Alger, dont les fucus, les platanes, les magnolias sont de taille prodigieuse, réclame muette: où les arbres se portent si bien comment les hommes pourraient-ils être malades ?

Hélas ! il fallait partir laissant tant de choses non vues, tant de sites que j'avais rêvé de visiter, tant de points que j'avais marqués sur mon programme et le samedi 9 avril à midi je m'embarquais sur *l'Eugène-Péreire.*

Le ciel était d'un admirable azur : pas un souffle ne ridait la mer, tandis que le paquebot s'éloignait rapidement du rivage.

Quel fascinateur panorama ! On dirait que l'Afrique tente un dernier effort pour retenir le voyageur en dévoilant à ses yeux ses charmes les plus tentateurs.

D'abord c'est la ville toute blanche, soulignée par le somptueux boulevard de la République et les hautes arcades qui le soutiennent. Puis le paysage grandit : à l'ouest Notre-Dame d'Afrique piquète d'un point blanc le cap des Anglais, et la pointe Pescade pousse ses rochers dans le bleu sombre de la Méditerranée pendant qu'au-dessus, s'étendent à perte de vue des forêts vertes, des villas peintes; à l'est une sombre barrière aux bords fièrement découpés sur le ciel, aux sommets étincelants de neige ferme l'horizon. C'est le Djurdjura, ce Djurdjura qui pendant vingt-sept ans resté libre comme les aigles qui l'habitent, semblait attester la fragilité de notre conquête.

Quelques tours d'hélice encore, Alger a disparu, la côte n'est plus qu'une ligne brumeuse et indécise, mais les cimes de la Kabylie sont toujours là, hautes et blanches en plein ciel.

Pendant deux heures on les aperçoit à l'horizon, et lorsqu'enfin elles disparaissent dans un nébuleux lointain, on ne voit plus rien, rien que le ciel et l'eau, tous les deux d'un bleu profond.

Et nous voguons vers le Nord, sur une mer aussi calme que le lac le plus paisible, sans un mouvement de tangage, sans un frémissement de roulis, et longtemps, longtemps derrière le vaisseau le sillage s'élargit sous la fumée immobile et lourde.

Personne ne manque au dîner : la table est complète, il faut faire deux services. Heureusement je n'ai pas trouvé place au premier, je suis resté sur le pont et je contemple le soleil qui lentement descend vers la mer. Il la touche, s'y enfonce à demi, et tout à coup de son globe presque disparu jaillit un éclair d'un vert vif, net, ardent. Le fameux rayon vert ! Que de fois en avais-je entendu parler ; que de fois l'avais-je guetté sans jamais le surprendre ! Je n'y croyais plus et soudain, au moment où je n'y pensais nullement, le voilà qui rayait l'espace, dernier adieu du soleil englouti.

D'où vient ce phénomène ? Un passager essaie de me l'expliquer. Je ne comprends absolument rien à sa démonstration : la comprend-il lui-même ? et comme le deuxième service commence, je laisse mon homme au milieu de ses « prismes » et de ses « interférences de « couleurs ». Ce que j'ai cru saisir, c'est que le rayon vert est produit par la couleur jaune du soleil se mêlant au bleu de la Méditerranée ; hum ! hum ! je croyais que la lumière solaire était blanche.

Vingt-six heures après avoir quitté Alger l'*Eugène-Péreire* abordait à Marseille.

Si toutes les traversées étaient aussi faciles, qui ne voudrait voir Alger ? Malheureusement si les tempêtes dangereuses sont rares sur la Méditerranée les coups de vent y sont fréquents et les traversées parfois mouvementées ; j'avais donc été très favorisé et ne pouvais attribuer ma chance qu'au manitou inconnu qui avait veillé sur nous pendant le voyage.

Comment, en effet, sans une protection mystérieuse expliquer le beau temps succédant subitement aux averses dès que nous arrivions quelque part ; une seule fois, à Sfax, la pluie nous avait gênés ! Comment expliquer que toutes les hardiesses de L... n'aient jamais eu de suites malencontreuses, que, toujours, à point nommé, le hasard soit accouru à notre secours et que ces sept semaines de voyage n'aient jamais été assombries par une déception, un ennui, une contrariété ?

Aussi revenais-je enchanté, et c'était avec bonheur qu'en mon cerveau je revoyais les villes blanches et les hommes blancs, les oasis verdoyantes, les gourbis de toile, les murailles de terre, les horizons immenses, les montagnes escarpées, les ruines grandioses, Tunis, Neftah, El-Djem, l'Aurès, Timgad, la Kabylie! Je revivais les jours où nos vélos roulaient sur les pentes de Teboursouk, où nos mulets traversaient les oueds de l'Aurès, les matins où rieurs, nous nous hissions sur nos *berdâs*, les soirs où devant leur demeure les cheiks nous accueillaient la main offerte et les yeux bienveillants, les nuits dormies sur les minces tapis des Beni-Ferrah !

Et tout cela se condensait en cette espérance: j'y reviendrai. Hélas! le pourrai-je? Les années commencent à peser sur moi et cependant mon cher désir, mon espoir est de retourner là-bas, tout là-bas, m'asseoir sous les orangers de Mohammed ben Tahar ou devant la porte du cheik de Menaah.

Le satisferai-je ?

FRAIS DU VOYAGE

FRAIS DU VOYAGE

Il est une question que ne traitent jamais les voyageurs dans leurs récits, la question d'argent. Pourtant si l'or est une chimère cette chimère n'est pas à dédaigner, surtout en voyage.

Que de fois ayant lu l'attrayant récit d'une excursion se dit-on : « Elle n'est pas pour ma « bourse; *non licet omnibus...* » Tout le monde ne peut pas se faire envoyer « en mission » aux frais de cette bonne et munificente princesse, Marianne.

Je crois donc être utile en joignant à la relation de notre voyage le relevé des dépenses : on verra que cette promenade est beaucoup moins coûteuse qu'on le suppose ordinairement.

Le voici jour par jour avec les heures de départ et d'arrivée et le nom des hôtels où nous sommes descendus.

Billet circulaire de *première classe* sur les chemins de fer et sur les paquebots de la *Compagnie Transatlantique* y compris l'automobile de Sousse à Sfax. — Paris à Tunis. Tunis à Sousse. Sousse à Kairouan et retour. Sousse à Sfax. Sfax à Metlaoui et retour. Sfax à Tunis. Tunis à Constantine. Constantine à Biskra. Biskra à El-Guerrah. El-Guerrah à Sétif. Sétif à Alger (ce dernier a été changé en route pour Tizi-Ouzou à Alger). . . . . . . 496 fr. 30

Itinéraire.

21 février 1904. — Départ de Paris, 9.20 s.	
22 février. — Arrivée à Marseille, 9.30 m.	10.30
Départ sur le *Duc-de-Bragance* 12 m.	3.80
23 février. — Arrivée à Tunis 7.30 s. Séjour jusqu'au 26 février hôtel de Paris (voiture pour Carthage 1/3)	49.30
26 février. — Départ de Tunis 6.30 m. Arrivée à Sousse 11.55 m. Grand hôtel.	11.70
27 février. — Départ de Sousse, 5.15 m. Arrivée à Kairouan 7.40 m. Hôtel splendide.	12.50
A reporter	583,90

Report	583,90
28 février. — Départ de Kairouan 6 m. Arrivée à Sousse 8 m.	
Départ de Sousse 1.15 s. Arrivée à Sfax 7.15 s.	
29 février. — Séjour à Sfax ; hôtel de France.	14.20
1 mars. — Départ de Sfax 5 m. Arrivée à Gafsa, hôtel Rey.	9.35
3 mars. — Départ de Gafsa 1.40 s. Arrivée à Metlaoui 2 s. Buvette de la gare.	6.30
5 mars. — Départ (à mulet) de Metlaoui 7.40 m. Arrivée à Tozeur 6. s. ; hôtel Besson. Séjour à Tozeur jusqu'au 8 mars.	
8 mars. — Départ de Tozeur 5.30 m. Arrivée à Metlaoui 3.30 s. Départ de Metlaoui 4.40. Arrivée à Gafsa 6.30 s. ; hôtel Rey (mulets).	86.65
9 mars. — Départ de Gafsa 11.11 m. Arrivée à Sax 7.44 s. hôtel de France.	14.30
10 mars. — Départ de Sfax 5,30 m. Arrivée à Sousse 11.30 m. Départ pour Tunis 1.30 s. Arrivée à Tunis 7 s. ; hôtel de Paris. Séjour à Tunis jusqu'au 12 mars.	30 »
A reporter	744,70

Report	744.70
12 mars. — Départ de Tunis, 5.15 s. Arrivée à Medjez-el-Bab 7.26 s. hôtel des Colons.	6.50
13 mars. — Départ de Medjez à vélo, 6.30 m. Arrivée à Teboursouk 1.15 s., hôtel International (mulets).	13.50
14 mars. — Départ de Teboursouk à vélo 5.30 m. Arrivée à Medjez 8.30 m. Départ de Medjez 10.02 m. Arrivée à Hammam-Meskoutine 6.51 s.; hôtel de l'établissement thermal.	10.90
15 mars. — Départ d'Hammam 10.02 m. Arrivée à Constantine 2.13 s. Séjour le 16 mars à Constantine; hôtel d'Orient.	23.50
17 mars. — Départ de Constantine 8.20 m. Arrivée à Batna 12.10 m. Arrivée (vélo) à Timgad 5.30 s.; hôtel Timgad. Séjour le 18 mars.	22 »
19 mars. — Départ de Timgad en voiture 7 m. Arrivée à Batna 9.45 m. Départ de Batna 12.40 s. Arrivée à El-Kantara, hôtel Bertrand. Séjour le 20 (mulets pour Tilatou).	28.75
20 mars. — Départ de Batna 8.31 m. Arrivée à Biskra 10 m.; hôtel des Zibans. Séjour (Achat de provisions).	44.20
A reporter	894.05

Report	804.05
24 mars. — Départ de Biskra (mulets). L'Aurès jusqu'au 27 mars; arrivée à El-Kantara; hôtel Bertrand.	32.90
28 mars. — Départ d'El-Kantara 8.28 m. Arrivée à Sétif 8 s. (une heure de retard) hôtel de France.	7 »
29 mars. — Départ de Sétif (voiture) 10.40 m. Arrivée à Kerrata 4 s. hôtel du Chabet.	25.70
30 mars. — Départ de Kerrata (vélo) 8.30 m. Arrivée à Ziama, hôtel Dolcino.	8 »
31 mars. — Départ de Ziama (vélo) 8.15 m. Arrivée à Bougie 4 s.; hôtel d'Orient.	10.60
1er avril. — Départ de Bougie 6 h. 55 m. Arrivée à El-Kseur 7 h. 20 m. Arrivée à Azazga à vélo (hôtel). .	14.75
2 avril.— Départ d'Azazga à vélo 10 h. 15 m. Arrivée à Fort-National 4 h. 30 s., hôtel des Touristes. Du 3 au 5 avril excursion à mulet en Kabylie.	
5 avril. — Départ de Michelet (hôtel des Touristes) 9 m. Arrivée à vélo à Tizi-Ouzou. Départ 3.45 s. Arrivée à Alger 9 s.	51 »
A reporter	1.044.00

	Report	1.044.00
6 avril. — Du 6 au 9 avril, séjour à Alger (hôtel de l'Oasis) (2 repas non pris à l'hôtel).		35.50
9 avril. — Départ d'Alger sur l'*Eugène-Péreire*, 12 m. 45.		
10 avril. — Arrivée à Marseille 3 s. départ 8 h. 40 s.		
11 avril. — Retour à Paris, 10 h. 25 m.		11 »
	Total.	1.090,50

Ce total comprend toutes les dépenses *sans exception*, hôtels, pourboires, guides, provisions, mulets (membres du Touring-Club, nous avons bénéficié de la réduction accordée par les hôtels).

Ajoutez si vous voulez 50 francs ou 100 francs, vous arrivez au total maximum de douze cents francs.

TABLE DES MATIÈRES

TABLE ALPHABÉTIQUE

Mayenne, Imprimerie CH. COLIN.

www.ingramcontent.com/pod-product-compliance
Lightning Source LLC
LaVergne TN
LVHW012112170826
845678LV00001BA/22

* 9 7 8 2 0 1 2 9 3 0 3 7 7 *